老有所居系列

居家养老
适老化改造与设计

杨全民 著

江苏凤凰美术出版社

图书在版编目（CIP）数据

居家养老：适老化改造与设计 / 杨全民著. -- 南京：江苏凤凰美术出版社，2023.4
ISBN 978-7-5741-0895-0

Ⅰ.①居… Ⅱ.①杨… Ⅲ.①老年人住宅－建筑设计 Ⅳ.①TU241.93

中国国家版本馆CIP数据核字(2023)第058449号

出版统筹	王林军	
策划编辑	宋 君	
责任编辑	孙剑博	
特约审校	艾思奇	杨 畅
装帧设计	李 迎	
责任校对	韩 冰	
责任监印	唐 虎	

书　　名	居家养老　适老化改造与设计
著　　者	杨全民
出版发行	江苏凤凰美术出版社(南京市湖南路1号　邮编：210009)
总 经 销	天津凤凰空间文化传媒有限公司
印　　刷	天津图文方嘉印刷有限公司
开　　本	710 mm × 1000 mm　1/16
印　　张	12
版　　次	2023年4月第1版　2023年4月第1次印刷
标准书号	ISBN 978-7-5741-0895-0
定　　价	89.80元

营销部电话　025-68155675　营销部地址　南京市湖南路1号
江苏凤凰美术出版社图书凡印装错误可向承印厂调换

目录

第1章

我们终将老去，
而世界永远年轻

第1节　"9073"式养老模式　　6

第2节　锦上添花还是未雨绸缪　　9

第3节　光与影　　12

第2章

住宅是居住的机器

案例1　适老化设计是传统设计的升级版　　34

案例2　要想晚年住得好，提前准备早起跑　　52

案例3　光线通、空气通、声音通、视线通　　68

案例4　将适老化设计融于细节中　　84

案例5　打造家中的兴趣区　　100

案例6　升级无障碍措施，缓解护理压力　　116

案例7　关注精神领域　　132

案例8　遵循安全、便利、舒适的设计原则　　148

案例9　以涉水区域为家庭的规划核心　　164

第3章

精选优材，智能助力

第1节　建材选用原则　　184

第2节　适用于住宅中的智能产品　　190

第 1 章

我们终将老去，
而世界永远年轻

第 1 节　"9073" 式养老模式

第 2 节　锦上添花还是未雨绸缪

第 3 节　光与影

第1节 "9073"式养老模式

按照国际通行划分标准，当一个国家或地区65岁及以上人口占比超过7%时，就意味着该国家或地区已经进入老龄化社会；达到14%时，为深度老龄化社会；超过20%时，则进入超老龄化社会。

第七次全国人口普查数据显示，我国60岁及以上人口的比重高达18.70%，其中65岁及以上人口比重达到13.50%，趋近深度老龄化社会的占比标准。人口老龄化，已经成为一个严峻的社会问题。

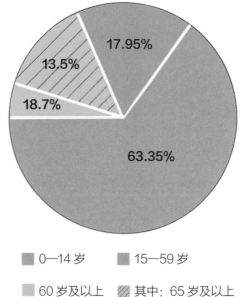

0—14岁　　　15—59岁

60岁及以上　　　其中：65岁及以上

第七次全国人口普查数据示意图

"退休后约三两知己，寻一处山清水秀之地组团养老。品美食、赏美景、悠然篱下，一起慢慢老去。"这是周围朋友谈及退休后生活时的美好设想，想想都让人神往。但仔细分析起来，几个好友进行短暂的周末聚餐或休假是可以的，如果在人生后半程的几十年里要靠这种方式养老，那可能要面对很大挑战。

想要实现组团养老，成员们需要完成三个前提条件才行。第一，需要有一定的经济基础；第二，需要有共同的人生观、价值观、兴趣爱好；第三，良好的健康状况。如果以上这三个条件不能实现，组团养老无疑是空中楼阁。

我们终将老去，究竟该以何种方式进行养老呢？

关于养老问题，据国家卫健委的调查数据显示，目前我国的养老模式大致为"9073"式格局，即 90% 的人进行居家养老，7% 的人在社区养老，3% 的人在机构养老。

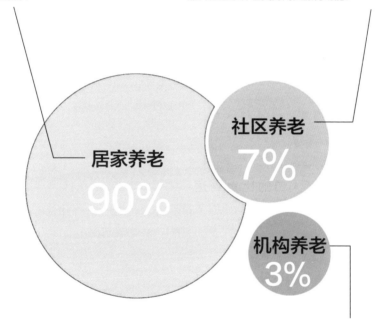

居家养老主要指老人居住在自己家中，购买社区养老机构提供的各种养老服务，以上门服务为主要形式。涵盖生活照料、医疗保健、精神关爱等服务。

社区养老是指以家庭为核心，以社区为依托，以老年人日间照料、生活护理、家政服务、精神慰藉和文化娱乐为主要内容，具有社区日间照料和居家养老支持两类服务功能。

机构养老是指老年人通过入住专业机构，以获取所需的社会化养老服务。

"9073"式养老模式示意图

居家养老与社区养老是依托居住家庭及附近社区，而机构养老是在养老院等机构中。从调查数据可以看出，老后的生活主要还是依托于自家的住所而展开。老年人由于思想传统，更多希望在家中度过晚年。所以改善老人居家养老环境，创造安全、便利的生活环境，对老年生活至关重要。

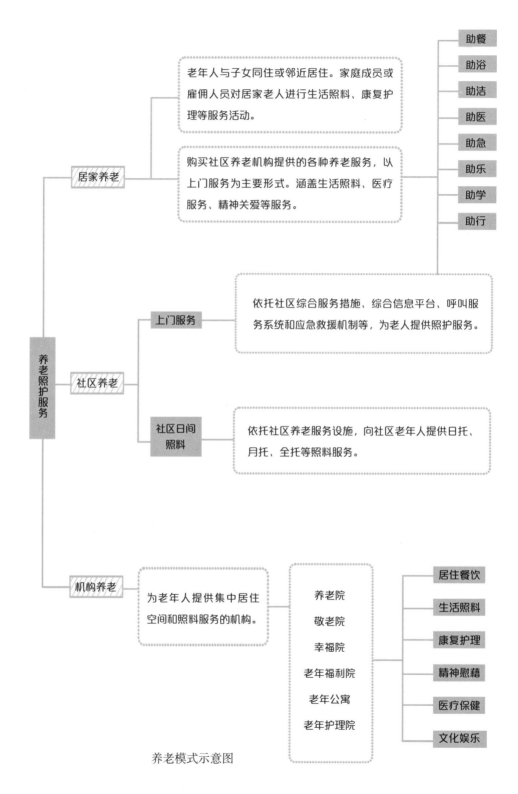

养老模式示意图

养老照护服务
- 居家养老
  - 老年人与子女同住或邻近居住。家庭成员或雇佣人员对居家老人进行生活照料、康复护理等服务活动。
  - 购买社区养老机构提供的各种养老服务，以上门服务为主要形式。涵盖生活照料、医疗服务、精神关爱等服务。
    - 助餐
    - 助浴
    - 助洁
    - 助医
    - 助急
    - 助乐
    - 助学
    - 助行
- 社区养老
  - 上门服务
    - 依托社区综合服务措施、综合信息平台、呼叫服务系统和应急救援机制等，为老人提供照护服务。
  - 社区日间照料
    - 依托社区养老服务设施，向社区老年人提供日托、月托、全托等照料服务。
- 机构养老
  - 为老年人提供集中居住空间和照料服务的机构。
    - 养老院
    - 敬老院
    - 幸福院
    - 老年福利院
    - 老年公寓
    - 老年护理院
      - 居住餐饮
      - 生活照料
      - 康复护理
      - 精神慰藉
      - 医疗保健
      - 文化娱乐

第 2 节

锦上添花还是未雨绸缪

衣、食、住、行是人类基本的生存所需，拥有一套遮风挡雨的住宅，能让我们心有所安。宽敞、明亮、温馨、便捷等条件都是我们对住宅的通用要求。除此之外，每个人在不同的生命周期对房子的要求都不一样。反映在住宅的室内设计上也是各有侧重。

年轻人对居所的要求往往是浪漫独特的装修风格，因为这样能够彰显出与众不同的个性。比如，喜欢电玩，家中要重点打造主题游戏室；喜欢玩偶手办，就定制透明玻璃的展示柜，将心爱之物收藏其中；喜欢家庭聚会，就规划出时尚大厨房，三五好友，香槟、啤酒，尽情享用。

拥有稳定收入的中年人，具有改善居住环境的需求，小房子换成大房子，更多的个人爱好得到满足。喜欢奢华的感觉，就在新家装修中配置高档的真皮家具、闪闪发亮的水晶吊灯、柔软的羊毛地毯；喜欢享

受生活，就在家中打造出红酒室、雪茄房；喜欢音乐，就购置高档音响，重金打造视听室。

这些阶段的人们普遍精力旺盛、收入稳定，本身生活已是多姿多彩，再依据自身的喜好，在住宅装修中打造出独具个性的空间。这种传统的装修思路，我们形容为锦上添花般的设计。相比这锦上添花般的住宅装修，另有一类设计对于我们逐渐老去的父辈更重要，那就是住宅的适老化设计。

世界范围内，对于年龄段的划分有多种不同的标准。东亚国家中一般都将步入老年

的标准定为年满 60 周岁，《中华人民共和国老年人权益保障法》第一章的第二条，就明确规定老年人是指 60 周岁以上的公民。

虽然年过六旬才会被定义为老年人，但是随着生活水平的不断提高及医疗技术的不断突破，人们的寿命不断得到延长，很多保养得当的老年人，外表看起来依旧很年轻。但有个不争的事实，那就是人体的各项机能在中年后就开始悄然下降，并随着年龄的增加逐渐加速发展。

据《中国城市养老服务需求报告（2021）》显示，受访人员多数在 40 岁出现健康拐点，如记忆力、认知力、睡眠质量、视觉、听觉、触觉、肢体灵活度、肌肉力量等各方面机能都会呈下降趋势。而真正步入老年后，身体进一步衰老的同时还会伴随着收入减少而支出增加的困境。等老后再去筹划如何养老的问题，会产生力不从心的感觉。

这就要求我们要对自己的养老问题采取积极主动的态度，不要等到退休后才开始考虑。对长辈的养老问题更需要时刻关注，不要等到父母垂垂老矣，生病住院的时候才重视其养老问题。

居家养老与社区养老是依照实际国情而探索出的最切实可行的两种养老模式，这两种模式的展开都是以自有的住宅为基础，所以说良好的家庭居住环境关系着每个人的晚年幸福。

当前住宅装修设计大多还是以中青年的需求为主，缺乏对老年人的关怀。在空间布局及细节处理上，并未根据老年人生理和心理的特点以及具体需求做深入的考虑。当需要养老的那一天到来时，才发现现有的居住环境不理想，有太多的功课需要补齐。

基于上述问题，我们在步入中年后再对住宅进行装修设计时，就要改变传统思维，不能再一味地以追求视觉的冲击和感官的享受为目标，而是依据自身的状况，从适老的角度来考虑，对房屋进行更加严谨、科学的规划。从灯具、家具、建材、电器、设备、空间、动线等每一处细节着手，运用适老化设计理念，把住宅打造成舒适养老、辅助康健的居住机器。

要想晚年住得好，提前准备早起跑。趁着年纪尚轻、身体尚好，就开始着手做各方面的准备。这样的设计思维，可以形容为未雨绸缪般的设计。

第3节 光与影

在建筑空间中，光与影是必须考虑的重要构成因素。婆娑的光影可以让空间变得丰富，呈现出迷人的气息。同时光与影也是相互对立、相互成就的。日本建筑大师安藤忠雄在书中写道："建筑的故事必然伴随着光与影的两种侧面，人生亦然。有光明的日子，背后就必然有艰辛、阴霾的日子。"

从嗷嗷待哺的婴儿，成长为独当一面的青年，我们的心中充满了远大理想，躯体里仿佛有用不完的力量。而后成家立业，身负多重社会角色，是父母眼中孝顺的孩子，是配偶眼中可靠的伴侣，是孩子眼中无所不能的爸妈，也是单位里的工作主力。

时间如白驹过隙，不经意间父辈已满头华发、身形佝偻，一向硬朗的身体也开始出现各种问题，行动也越发缓慢、步履蹒跚。虽然总感觉自己还不够成熟，却也已人过中年，身体机能不断地下降。这时的我们，需要及时调整心态，重新审视这个熟悉又陌生的自己。

不要茫然看待或熟视无睹，要静心细想、仔细观察和思考，我们的身体机能到底发生了怎样的变化？对生活产生了怎样的影响？面对这纷至沓来的挑战，如何进行住宅改造，才能让它更适应我们的生活？

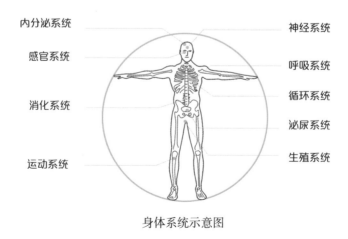

身体系统示意图

视觉系统

　　眼睛是人类获取信息的源头，光源、眼球、大脑相互关联，才会最终成像，看清物体。随着年龄增长，眼睛的组织器官会发生老化，出现视力衰退，如老花眼、迎风流泪、飞蚊症等症状。

　　像老花眼症状，主要是晶状体硬化、增厚导致的调节机能降

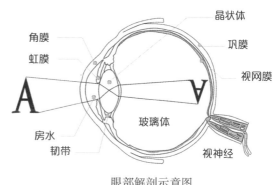

眼部解剖示意图

低，眼睛视物不容易对焦，从而出现花眼现象；晶状体浑浊，出现飞蚊症；眼部肌肉萎缩或泪管堵塞等原因造成迎风流泪。除上面几点外，还可能会出现黑暗适应能力下降、眩光敏感、老年性白内障、色彩辨识能力下降等症状。

　　在住宅改造过程中，针对视觉问题的思考及应对措施：

1. 防止室内照明出现眩光

　　眩光是指视野中由于不适宜的亮度分布，在空间或时间上存在极端的亮度对比，以致引起视觉不舒适和降低物体可见度的视觉条件。发生在室内的眩光可以分为三类：

❶ 直接眩光	❷ 反射眩光	❸ 对比眩光
由眼睛直视光源所产生的眩光	就是通常所说的反光造成视觉模糊	室内光线明暗对比过大，造成的眩光

解决眩光问题，可以从以下几个方面进行：

①避免室内光线直射，可以考虑做隐藏式照明。

②对卧室等需要经常仰视的空间，避免安装明装灯具。

③对经常看见灯的区域，选择防眩光灯具。

④让空间中的照明均匀柔和，避免过明或过暗，以免出现对比眩光。

⑤选择家具时，避免过亮的饰面，建议选择半哑光或哑光饰面。

⑥墙面材料（涂料、壁纸、壁布、木饰面）需选择哑光或半哑光，避免光线反射产生眩光。

⑦减少使用玻璃镜面等高反光的材料。

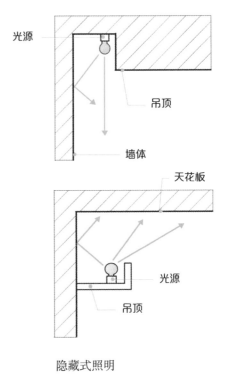

隐藏式照明

2. 提高光源显色指数

当光源照到一个物体上，对物体颜色的呈现所造成的影响称为显色性。以自然光（太阳光）为标准，颜色呈现得越自然，显色性越好，显色指数（Ra）越接近100，对物体的色彩还原能力越强，人眼区分物体颜色越轻松。灯光是否护眼和显色指数有关，在进行灯光设计时，尽量使用 Ra ≥ 90 的光源，这样不仅对视力有好处，还可以创造出宜人的环境，如在餐厅使用显色性好的光源，可以让饭菜呈现出诱人的色相从而刺激老年人的食欲。

3. 合理设计空间照度

由于老年人的瞳孔对光的灵敏度日渐减弱，所以老年人对照明亮度的需求要高于其他人群。在具体设计中，需要相应的调高灯光的照度。国家标准《建筑照明设计标准》（GB

50034-2013）规定，在起居室中一般活动时的照度为 100Lx，书写、阅读为 300Lx，而老年人的起居室则分别需要 200Lx 和 500Lx；卧室里需要的照度为 75Lx 和 150Lx，而老年人的卧室则需要 150Lx 和 300Lx。因此，需要通过提高照度，来弥补老年人视觉机能下降所造成的不便。

住宅建筑照明标准值

房间或场所及活动		参考平面及其高度	照度标注值（lx）	显色指数（Ra）
起居室	一般活动	0.75m水平面	100	80
	书写、阅读		300*	
卧室	书写、阅读	0.75m水平面	75	80
	床头、阅读		150*	
餐厅		0.75m餐桌面	150	80
厨房	一般活动	0.75m水平面	100	80
	操作台	台面	150*	
卫生间		0.75m水平面	100	80
电梯前厅		地面	75	60
走道、楼梯间		地面	50	60
车库		地面	30	60

注：*指混合照明照度

其他居住建筑照明标准值

房间或场所及活动		参考平面及其高度	照度标注值（lx）	显色指数（Ra）
职工宿舍		地面	100	80
老年人卧室	一般活动	0.75m水平面	150	80
	床头、阅读		300*	80
老年人起居室	一般活动	0.75m水平面	200	80
	书写、阅读		500*	80
酒店式公寓		地面	150	80

注：*指混合照明照度

4. 让室内光线均匀过渡

明与暗的适应能力，是指人在明亮环境与昏暗环境转换时的适应能力。随着年龄增长，人们对明与暗的适应能力会大幅度下降。为贴合老年人的视觉特征，住宅内应当尽量避免聚光灯的使用，宜选用相对柔和的筒灯或者是使用灯膜弱化光线，不同区域间的光照也需要均衡过渡，尽量减少光照之间的偏差。

5. 合理选择、搭配室内的色彩

在居家生活中，过浅的颜色和纯度太接近的颜色都会让老年人辨识困难，所以单一的配色方案不适合老年人。他们更喜欢温暖而丰富的色彩，从而得到温暖感和安全感。在色彩搭配上呈现适当的对比度，更容易让老年人区分出不同物件的摆放位置。墙与地面之间需要保持适当的对比度，色调不要趋同。

听觉系统

随着年龄增长，听觉神经系统发生了退行性改变，导致听力下降。而听力衰退会导致社会交流能力下降，孤独感增强，对自我的认可度也随之下降，总觉得自己老了，不中用了。除此之外，还会带来很多副作用，比如"失聪"。"失聪"本身就是听力下降的代名词，从字面上理解，就是听力下降让人变得不聪明了，从科学的角度来分析就是听力下降，大脑皮层所受到的刺激减少，导致其大脑萎缩，产生认知障碍。

在住宅改造过程中，针对听觉问题的思考及应对措施：

1. 改变提示方式

将住宅中的电话或对讲门铃来电提示，改为闪光震动形式。当有信号进入时，让老年人能及时察觉。

2. 提高空间通透性

在室内空间规划中减少阻隔，提高整体空间的通透性。当老年人遇到困难时可以得到及时帮助，提高老年人的居住安全感。

3. 增设室内窗

在室内非承重的隔墙上，增设室内窗。可以起到装饰效果，让空间更加灵动活泼，也让视线、声音更加通达。

嗅觉系统

科学研究证明，维持嗅觉需要干细胞不停增生来修复神经细胞，一旦干细胞应接不暇就会出现问题，所以嗅觉变弱意味着身体的自我修复能力开始走下坡了。嗅觉出现衰减变化，有时候是很多神经性疾病的前兆，但大部分人的嗅觉会随年龄增长而减退，这是一个长期而缓慢的过程。

在住宅改造过程中，针对嗅觉问题的思考及应对措施：

1. 选择带有自动熄火装置的灶具产品

一旦意外熄火（风吹灭、汤汁浇灭、点火不成功），该装置就会自动切断灶具的出气通路，即便灶具旋钮是打开状态也不会继续有燃气泄漏。防止嗅觉不灵敏的老年人因外溢的煤气而引起中毒。

2. 厨房安装智能煤气报警装置

一旦检测到燃气泄漏会自动报警，同时自动触发关闭燃气阀门，并将报警信息推送到家人手机上。

3. 安装烟雾报警装置

安装烟雾报警器是对付初期火灾最有效的监控手段，它能够探测到火灾产生的烟雾并及时发出报警信号，能够大大减少火灾造成的损失。

4. 安装电动联动窗

与家中报警装置进行连接，一旦接收到家中煤气或烟雾报警信号，外窗将自动打开，进行烟雾疏散。

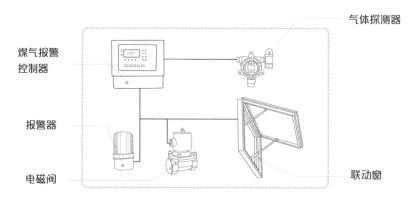

电动联动窗示意图

味觉系统

老年群体的味觉退化除了味蕾减退的原因以外，还与口腔黏膜、舌肌肉萎缩有关，并因此产生口干、口苦等症状。另外，味觉的产生和嗅觉、视觉、心理、内分泌神经都密切相关，味觉退化会导致人口味变重，也会让人食欲不振。

在住宅改造过程中，针对味觉问题的思考及应对措施：

1. 在厨房的布局设计上多下心思

让烹饪动线流畅、高效，以减轻家务劳动强度；在色彩搭配上，让整体环境清新自然，让使用者爱上厨房空间，还能增加烹饪美食的动力。

2. 合理进行餐厅灯光设计

选用高显色性的暖色光源，让食材看起来更加明亮鲜艳，令人食欲大开。

3. 选择合适的餐具

如新型的智能"增味筷子"，筷子连接佩戴在手腕上的微型计算机，通过电流刺激增强咸味、鲜味，既能提高人们进餐时的食欲，又能大幅减少食盐摄入量，非常适合老年人进餐时使用。

增味筷子

触觉系统

有研究发现，60 岁以上的老年人皮肤上敏感的触觉点数目显著下降，皮肤对触觉刺激产生最小感觉所需要的刺激强度，在年老过程中逐渐增大。同时皮下脂肪减少，皮肤容易干燥起皱、弹性减小。

老年人对温度和疼痛也逐渐变得迟钝，有些皮肤区的感受几乎完全丧失，身体对寒暑的调节能力变弱，这也是老年人遇冷易发生感冒、遇热容易中暑的原因。

在住宅改造过程中，针对触觉退化的思考及应对措施：

1. 加强室内保温系统

住宅的热量损失，主要是通过屋顶、墙体、门窗、地板等位置渗透和传导。在房屋改造中，尤其是面对老旧住宅，需要对这些部位进行重点关照。

通过增加墙面、顶面保温层，采用多层中空玻璃的断桥铝窗户，铺设隔热性能高的地板，来降低热量损耗，提高室内的保温性和舒适度。

2. 提高室内的温度调节能力

尽可能地消除各居室之间的温差，预防由冷热温差引起的身体不适。

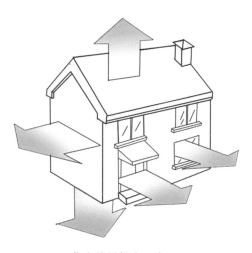

住宅热量损失示意

①铺设地暖系统来保障冬季取暖。地暖属于地板辐射供暖，通过地板发热来实现采暖目的的一种取暖方式。热量从脚底传上来温暖整个身体，这也符合我们所提倡的"温足而顶凉"的养生理念。

②地暖的供热方式有水地暖和电地暖两种，两种供热方式各有优点。电地暖构造简单，即开即热，操控方便；水地暖是以天然气为热源，使用成本相对经济，并且能同时解决生活热水的问题。

③夏季采用家用中央空调降温。家用中央空调室内送风温差小、风量大，室内温度分布均匀且噪声低，可以给使用者带来更加舒适的体验。

3. 保持恒温的冷热水供应

在室内水系统改造中，采用水循环系统技术。在冬季使用时，打开水龙头几秒钟的时间就能流出热水，既避免冷水刺骨，也避免长时间排放管道凉水带来的浪费。同时，选择恒温水龙头与恒温花洒，避免洗浴时烫伤。

呼吸系统

随年龄增加人体逐渐衰老，老年人呼吸系统的生理功能也不断下降，常患的呼吸系统疾病有咽喉炎、慢性支气管炎、哮喘、肺炎、肺气肿、肺心病等。老年人是呼吸系统疾病的高发人群。

在住宅改造过程中，针对呼吸系统疾病的思考及应对措施：

1. 装修风格宜简洁、清爽

老年人的住宅装修应遵循简洁、清爽的风格，避免为了追求视觉效果而过度装修。油漆、胶水、壁纸、人造板材这些建材中都存在污染源，过多使用会造成室内环境的污染，进而影响呼吸系统的健康。

2. 保持房间的通透性与空气清新洁净

开窗通风是改善室内空气质量最简单的方法，当室外空气温度、湿度合适，空气质量也较好时，可以多开窗通风，排出室内废气，引入新鲜空气。

3. 重视厨房、卫生间的换气功能

厨房与卫生间是家庭中空气污染的潜在源头，中国人的烹饪习惯容易产生大量油烟，危害人们的健康。除了被烹调者吸入外，还可能扩散到客厅、卧室，导致室内空气污染。我们除了及时开窗通风外，还要使用大排量的抽油烟机，及时把有害气体排出室外。安装排气止逆阀也很重要，可以避免烟道油烟串味。

卫生间容易出现反味，其异味主要来源于地漏反味、洗手盆下水反味、马桶反味。应对的措施首先是购买高质量的防臭地漏、防臭下水管、马桶防臭法兰密封圈；其次，在施工的过程中，也要注重细节的处理；最后，还要注重卫生间的通风，如果是没有窗户的暗卫，就需要安装大功率、低噪声的换气设备。

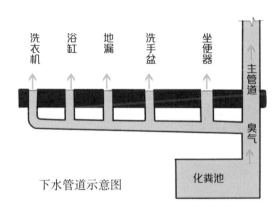

下水管道示意图

4. 安装新风系统

老年群体自身免疫力脆弱，身体更容易受病菌等侵扰。房间安装新风系统，可以有效过滤空气中的有害物质，并将室外洁净、富氧的新鲜空气送入室内，尤其是在开窗换气不方便的寒冷冬季，或有雾霾的天气时。另外，有的老年人患有多种慢性疾病，需要常年服药，室内容易弥漫药味或未及时清理的排泄物味，那就更需要利用新风系统，让室内随时保持空气的清新、洁净。

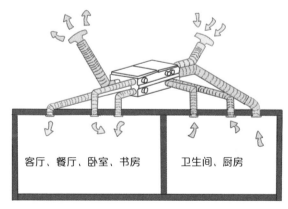

新风系统

5. 控制好室内的湿度

空气过于干燥对老年人的健康不利，容易诱发呼吸系统疾病。研究表明，家庭室内最佳湿度应该是 50% — 60%，取暖季在室内配置加湿器，可及时调整房间的湿度。

6. 考虑安装家庭呼吸机、制氧机

对常年患有呼吸系统疾病的老年人，住宅设计中需要考虑到呼吸机、制氧机等医疗设备的安装工作，让老年人在需要的时候方便使用，及时缓解身体上的不适，更好地呵护身体健康。

运动系统

身体衰老其中一个显著的特征就是日常生活中反应变慢、动作迟缓、耐力降低、易疲劳。很多老年人走路腿像是灌了铅一样沉重，身体平衡能力也大幅下降，轻微的地面高低差，就容易绊倒；坐在沙发或马桶上，需要两手借力才能勉强起身；上下楼、拿取重物等活动也出现困难；骨骼的弹性、韧性开始下降，骨质变得疏松，脆性增加，更容易骨折。

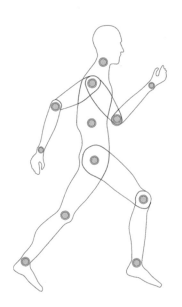

人体衰老后的一系列生理特征表明，无障碍设计是适老化改造的重要内容。怎样让老年人在空间中无障碍活动，同时避免居家摔倒，是我们的首要考虑。

在住宅改造过程中，针对运动系统退化的思考及应对措施：

1. 地面铺设材料的选择与铺装

①选择防滑地面材料。地面铺贴材料不但要防滑性能好，还要兼具一定的冲击力与良好的吸收力，尽量减少对老年人的二次伤害。

②身体到一定阶段可能要使用拐杖、轮椅等辅助

器材，所以材料的耐久性也是选材指标之一。

③湿滑的地面很容易让老年人摔倒，所以地面避免有水残留，尤其是卫生间区域。在其地面铺装施工时，要预留好排水斜度，选择合适的地漏，使得排水顺畅。

2. 消除地面高低差

由于老年人的腿脚不灵便，室内存在高低差容易摔倒，越小的高低差越危险，在室内规划中需要尽量消除高低差。

①设计尺寸小的高低差，必须进行抹角处理。

②利用技术处理，在不同材质的地面连接处，需保证最终的平滑相接。

③淋浴区取消传统的挡水石，改用长条形地漏代替挡水。

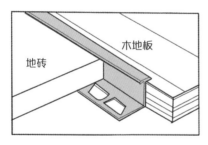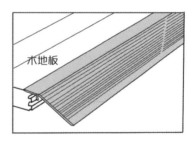

地板收边条

3. 加装扶手

扶手在老年人的住宅中承担着重要的角色，它能很好地解决由于身体机能下降而导致的运动、移位困难和降低移位过程中的风险。

按照使用目的扶手可分为：

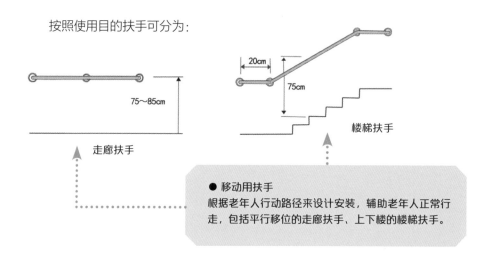

走廊扶手

20cm

75cm

楼梯扶手

75～85cm

● 移动用扶手
根据老年人行动路径来设计安装，辅助老年人正常行走，包括平行移位的走廊扶手、上下楼的楼梯扶手。

● 起立用扶手
包括安装在玄关换鞋凳旁边的鞋凳扶手，马桶周边的马桶扶手，床边、沙发旁的站立扶手等。

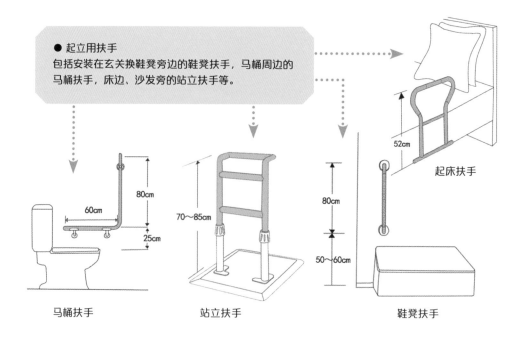

80cm

60cm

25cm

马桶扶手

70～85cm

站立扶手

52cm

起床扶手

80cm

50～60cm

鞋凳扶手

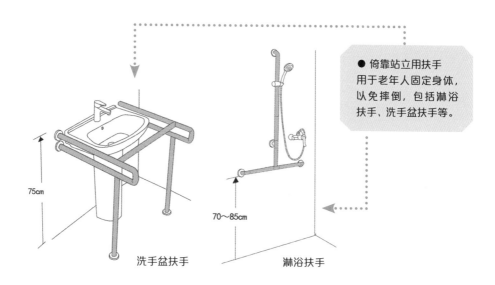

● 倚靠站立用扶手
用于老年人固定身体，
以免摔倒，包括淋浴
扶手、洗手盆扶手等。

75cm

洗手盆扶手

70～85cm

淋浴扶手

4. 选择适合老年人的家具

①选择圆角、钝角的家具，避免有锋利的边缘。老年人身体协调性下降，难免发生碰撞，圆润的设计可以降低伤害，从心理上也可以给人带来安全感。

②选择稍偏硬、高度适中的沙发、床垫等家具，此类家具适合老年人起身与位移。坐面过于柔软的沙发，会让老年人陷入其中，起身困难；而过于柔软的床垫，会使老年人脊柱呈弧形，劳损症状加重，腰部发生疼痛。

③家具要有靠背、扶手。靠背可以托住人体脊柱，保持全身肌肉用力平衡，减轻劳累。同时，老年人腿脚不利索，带有扶手的家具可以降低摔倒的风险。

④选择具有助站功能的电动沙发，协助腰椎、关节不好的老年人正常起坐；选择电动折叠护理床，协助身体失能或半失能的老年人坐卧。

⑤根据人体工程学来设计整装家具的细节。比如衣柜的抽屉位置就不宜设计得过低或过高，避免在存取衣物时下蹲或踮脚；在厨房中设计的吊柜，建议安装升降拉篮，避免拿取物品时需要踩梯子或凳子，从而产生危险。

5. 灵活调整插座与开关的高度

通常住宅普通插座的离地高度为 30cm，开关离地高度是 130cm，这个设计尺寸是参照正常人的人体工程学所设计，但具体到每个人时，也会存在很大的差别。老年人身体机能发生了变化，按照现行的设计规范会使用不便。所以，我们可以把插座上调至离地 40cm~60cm，开关高度下调至 110cm 左右。这样改动的好处是插拔插头时，不用大幅度的弯腰下蹲，即使坐在轮椅上也能轻松地开关灯具。

6. 打造室内核心区域的洄游动线

所谓洄游动线就是通过环形动线将不同空间串联起来，使得空间流畅、开阔，有效避免空间的封闭感。

打造洄游动线，方便老年人在家中灵活走动并增加趣味性，减少单调和乏味，无形之中增加其运动量，对其健康更有利。同时，也便于老年人发生意外时家人的紧急救助。洄游动线的设置，既有利于家人间的视线、声音联系，也能增强室内的通风与采光。

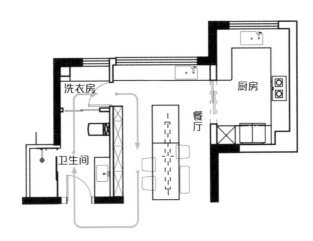

7. 适当拓宽门洞宽度及选择合适的门类

　　随着身体机能的下降，有时候不得不借助轮椅来辅助行动。在空间设计规划中需要提前将过道、卧室、卫生间门洞的宽度进行拓宽，为以后可能上场的轮椅，提前做好准备。

　　房间门可优先考虑推拉门、折叠门，此类门既节省空间，又能扩大门洞利用度。如在卫生间采用平开门，尽量让门扇外开，确保老年人在如厕时发生意外的话家人能及时打开门进行救助。

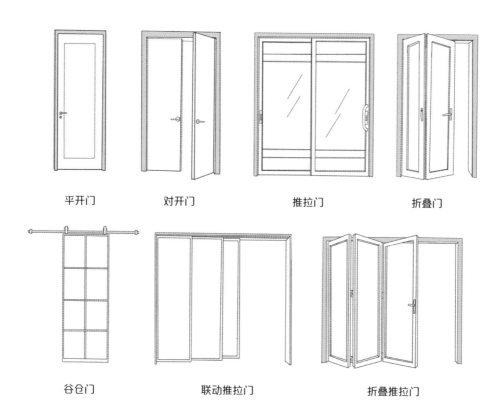

| 平开门 | 对开门 | 推拉门 | 折叠门 |

| 谷仓门 | 联动推拉门 | 折叠推拉门 |

8. 科技让生活更便利

　　①安装跌倒检测报警器。生活中对老年人可能发生的跌倒要有足够的重视，跌倒会导致心理创伤、骨折及软组织损伤，甚至意外死亡。预防跌倒、跌倒后及时救治，才能

降低伤害。所以有老人的家庭，尤其是有独居生活的老年人的家庭，需要安装跌倒检测报警器，一旦发生意外，系统能通过短信、电话等多途径及时通知子女、亲属、物业中心，以便得到及时救助。

跌倒报警

低姿态报警

床上静态呼吸率

②安装具有电动升降功能的操作台，根据老年人的使用习惯可以灵活调节台面高度。

③使用电动护理床，其床头、床尾具备随意升降，躺面可以90度旋转折叠等不同功能。可在床上选取适宜起坐的角度，以满足进餐、吃药、饮水、洗脚、读书看报、看电视及适度肢体锻炼的需要。

④安装电动窗帘、电动窗扇，利用遥控器控制其自由开合，让生活更方便。

⑤在复式住宅或别墅中，安装升降电梯或楼梯座椅电梯，解决老年人上下楼困难的问题。市面上的主流家用升降电梯主要为液压电梯、螺母螺杆电梯、曳引电梯这三种形式。座椅电梯是一种运行在楼梯一侧的电梯，从外观来看座椅电梯就像一个在轨道上运行的椅子，座椅电梯又分直线型和曲线型。

消化系统、泌尿系统

随着年龄增高，消化系统和泌尿系统也会发生一系列衰老与退化。肠道蠕动功能减退、容易发生便秘；肾功能减退，尿频、尿急、起夜增多；对有些心脑血管疾病的老年人来说，半夜起床也存在较大风险，很容易精神恍惚、两腿无力，易发生摔倒或突发心梗。

有高龄老年人或失能者的家庭中，往往也存在如厕难、洗浴难、盥洗难等问题。老年人在居家生活中，危险事故也大多发生在这些涉水的区域，所以在住宅设计中，对这些涉水的区域需要重点关注。

在住宅改造过程中，针对消化系统及泌尿系统退化的思考及对应措施：

1. 老年人卧室尽量靠近卫生间

缩短睡眠区与卫生间的距离，同时保持路径的畅通，便于老年人安全起夜。

2. 安装自动感应的夜灯

起夜时，自动感应夜灯亮起，防止老年人因黑暗跌倒，夜灯的光线宜柔和、适中，避免产生眩目。

3. 卫生间内部空间需要预留足够的尺寸

卫生间预留足够的尺寸，为今后可能出现的因身体机能下降而需要护理的情况做准备，马桶前方或侧方应确保与墙之间的距离在 50cm 以上。

4. 选择智能型马桶

智能马桶自动静音、缓降盖板、脉冲冲洗、暖风烘干，马桶附近需安装起立扶手与紧急呼救装置，一旦身体不适能及时通知家人或护工。

5. 安装电动马桶升降器

6. 淋浴区避免安装封闭性的玻璃浴房

淋浴区宜采用软性的浴帘或挡水隔断，便于护理人员协助洗浴，并在淋浴区摆放浴凳，方便坐式洗浴。

7. 如有泡澡需求，建议购买能开门的浴缸

这是专为老年人设计的能安全泡澡的浴缸，打开浴缸门抬脚跨入，避免发生意外。

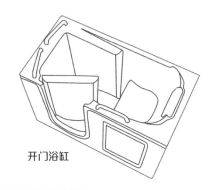

8. 安装考虑了容膝空间的无障碍盥洗盆

坐在凳子上或者乘坐轮椅洗漱时，腿部能伸入。从而身体能接近盥洗盆，轻松完成洗漱工作。

开门浴缸

9. 针对身体失能的老年人，可在住宅中安装天花轨道移位器

借助天花轨道移位器可以轻松协助失能老年人从卧室往返卫生间，解决其如厕和洗浴的困难。如果受条件限制无法安装天花轨道，可以使用手推式电动吊装机，来搬动失能老年人。

内分泌系统、神经系统

人体衰老是一个十分复杂的过程，内分泌器官的老化及功能衰退在其中起着十分重要的作用，它也导致了老年人身体各方面功能的衰退。表现出来的精神症状为失眠、心悸、焦虑、易激动、记忆力减退等。

随着年龄增长，大脑不同程度地发生了一些老年性脑改变，记忆力减退、思维判断能力降低、反应迟钝、适应新环境能力下降，走路容易发生跌倒。老年人由于生理机能的退化、社会角色的转变、周边环境的变化，导致心理安全感下降、适应能力减弱，心理世界也会发生一系列变化，产生孤独、失落、空虚、易激动等负面情绪。

在住宅改造过程中，针对内分泌系统、神经系统老化的思考及应对措施：

①降噪处理。外窗换为多层玻璃的断桥铝窗，降低室外噪声，家中的下水管道外包隔音棉，降低夜间排水管道噪声。

②选择遮光窗帘，夜间睡眠防止窗外光线干扰。

③老年人睡眠浅，一方翻身或起夜就会影响另一方，所以老年人夫妇可以选择分床睡或分体床垫，互不干扰。

④不论在什么阶段，老年人都需要有自己的固定居所，避免频繁搬家换环境，保持心理安全感。有些老年人跟随子女生活，需要在几个子女家庭中轮流住，这样的养老模式使得老年人需要不断地适应新环境，心理上也总是处于一种陌生、焦虑的状态，形成很大的心理负担。与子女共同居住时，无论居住条件多么紧张，都要尽量让老年人拥有自己的私人空间，以增加其心理安全感。

⑤在住宅软装设计时，适当摆放一些家中的老物件、老照片，能让老年人回忆旧时的欢乐时光。房间搭配老年人熟悉的色彩，也能给其带来情感抚慰。

⑥鼓励老年人发展多种兴趣爱好。比如在家中打造手工区，让老年人根据兴趣做手工活；建立绿化角，种植花草、制作盆景、根雕；安置画案，便于老年人练书法等，多鼓励老年人发展业余兴趣爱好，达到锻炼大脑的目的。

⑦考虑宠物的安置空间。老龄化社会中的空巢老人不断增加，空巢老人很容易产生孤独、不安、抑郁等情绪，而饲养宠物则可以丰富老年人的日常生活，减轻老年人的孤独感，提升老年人的思维，促进老年人运动社交。因此在住宅设计中，需要考虑到宠物的安置空间，积极鼓励老年人饲养小宠物。

第2章

住宅是居住的机器

案例1 适老化设计是传统设计的升级版

案例2 要想晚年住得好，提前准备早起跑

案例3 光线通、空气通、声音通、视线通

案例4 将适老化设计融于细节中

案例5 打造家中的兴趣区

案例6 升级无障碍措施，缓解护理压力

案例7 关注精神领域

案例8 遵循安全、便利、舒适的设计原则

案例9 以涉水区域为家庭的规划核心

案 例

适老化设计
是传统设计的升级版

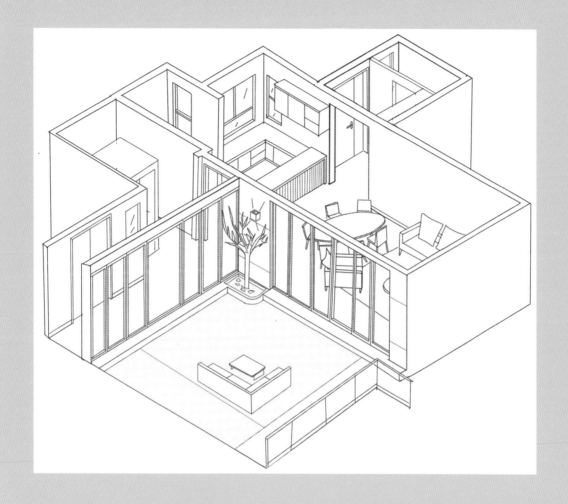

比起常规的室内装修设计注重外在的光鲜亮丽和视觉冲击，适老化设计更重视人性化的表达。针对老年人的生理及心理特征，有针对性地利用技术手段进行介入，包含了更多的技术含量和体贴入微的人文关怀。

　　委托人 KUN 购买的这套房屋是一套中式合院，地处环境优美的风景区旁，整个社区的设计定位为"低密度养生度假大盘"。KUN 的母亲是北方人，对四合院房屋情有独钟，当 KUN 想置换套大房子将父母一块接来居住时，一眼就看中了这套合院建筑，然后就快速敲定购买了。

　　作为三代同堂的家庭，上有古稀之年的外公外婆，下有工作忙碌的夫妇及读大学的儿子，所以在室内设计规划上，需要照顾多个方面。委托人对未来的新居有很多设想，空间要开阔、动线要流畅、餐厅还要有一个大岛台，在房间规划上需要三间卧室、一间书房，还要有一间独立的家务间。

　　所以随后的改造中，在严格遵守相关规定的前提下，对负一层面积进行了扩容。既扩大了居住面积，又改善了空间的通透性，在此基础之上还融入了许多适老化设计细节。

　　关于适老化设计 KUN 有自己的考虑，现在父母已是古稀之年，在设计中融入适老化的设计细节，可以让他们在生活上更加便捷，而自己也将从中年慢慢步入老年，适老化的提前布局，也是为老后的生活提前做准备。

　　住宅设计适老化其实是传统室内设计的升级版，在传统室内规划设计的基础上，对通风采光、动线规划、收纳储物、空间划分、保温降噪、安全便捷等一系列的设计指标，进行更加极致的挖掘，才能带给居住者更好的生活体验。

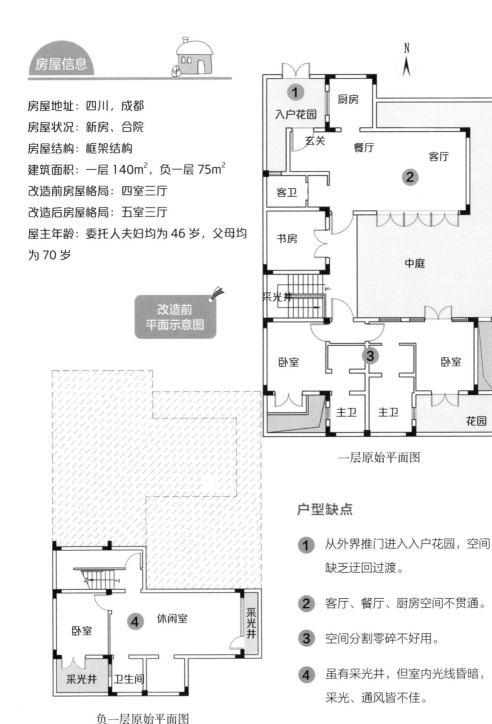

房屋地址：四川，成都

房屋状况：新房、合院

房屋结构：框架结构

建筑面积：一层140m^2，负一层75m^2

改造前房屋格局：四室三厅

改造后房屋格局：五室三厅

屋主年龄：委托人夫妇均为46岁，父母均为70岁

改造前
平面示意图

一层原始平面图

负一层原始平面图

户型缺点

1　从外界推门进入入户花园，空间缺乏迂回过渡。

2　客厅、餐厅、厨房空间不贯通。

3　空间分割零碎不好用。

4　虽有采光井，但室内光线昏暗，采光、通风皆不佳。

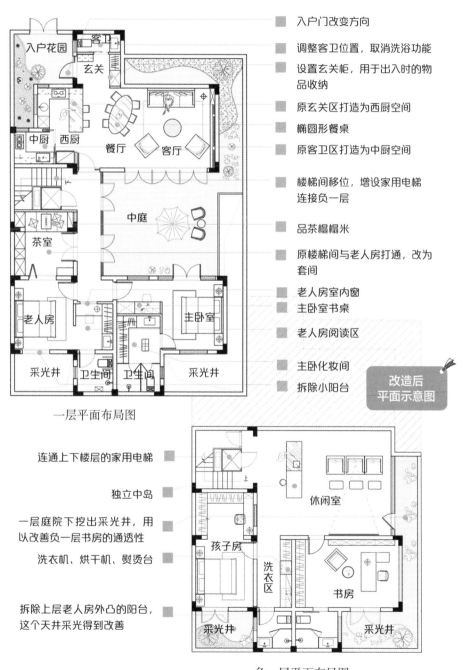

入户门改变方向

调整客卫位置，取消洗浴功能

设置玄关柜，用于出入时的物品收纳

原玄关区打造为西厨空间

椭圆形餐桌

原客卫区打造为中厨空间

楼梯间移位，增设家用电梯连接负一层

品茶榻榻米

原楼梯间与老人房打通，改为套间

老人房室内窗
主卧室书桌

老人房阅读区

主卧化妆间

拆除小阳台

改造后
平面示意图

一层平面布局图

连通上下楼层的家用电梯

独立中岛

一层庭院下挖出采光井，用以改善负一层书房的通透性

洗衣机、烘干机、熨烫台

拆除上层老人房外凸的阳台，这个天井采光得到改善

负一层平面布局图

改造
细节

　　独栋房屋的水、电、暖、气等都是相对独立的系统，不像普通公寓楼房改造，需要瞻前顾后处处受限，所以在格局变动上自由度较大，这就给我们的设计改造带来了便利。

　　在室内空间设计中，既要考虑周全，以满足家人对不同空间的使用需求，又要忌讳空间过度分割，让布局琐碎呆板。所以要把握好度，在满足使用的前提下，尽量让空间宽敞通透，彰显大宅的气质。

　　独栋住宅为了充分利用空间，可以考虑增加负一层的建筑面积，但需要注意两个方面：一是要保证新增空间的通透性，避免暗房；二是要尊重原建筑设计，在保证原有建筑安全性的前提下，展开改造工程，要严格遵守所在地的法律法规及相关管理规定，将安全放在首位。

　　此住宅为新建房屋，其隔音、保温、降噪等各项指标都良好，不用再进行整改，但由于卫生间及厨房空间进行了挪移，所以对水路系统进行了大改造。

　　在家庭生活用水时，热水从热水器流到各个用水点，需要等待一段时间，这就不可避免地要浪费一部分管道凉水，尤其在大户型或别墅住宅中，热水器距离用水点比较远，浪费问题就更加突出。所以在此次改造中，我们特意增设了热水循环系统，让水龙头一拧开就能出热水，既节约时间又避免浪费。

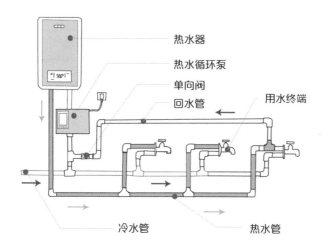

热水器

热水循环泵

单向阀

回水管

用水终端

冷水管　　　热水管

热水管小循环

优点：

管道铺设相对较少，其性价比更高。

缺点：

打开龙头需要过几秒钟才能出热水。

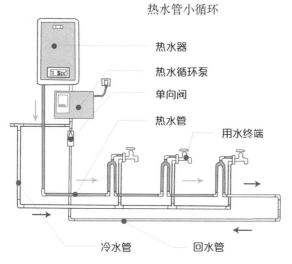

热水器

热水循环泵

单向阀

热水管

用水终端

冷水管　　　回水管

热水管大循环

优点：

打开龙头瞬间出热水。

缺点：

管道铺设多，工程造价高。

2 住宅为上下两层结构，由步梯连接上下两层，出于适老化的考虑及委托人的要求，计划在改造中增设电梯。

市面上主流的家用电梯分为液压电梯、曳引电梯、螺母螺杆电梯。液压电梯利用液压机动装置提供升降动力，曳引电梯通过配置装置实现电梯的升降，螺母螺杆电梯通过螺母螺杆的咬合实现动力升降。这三种形式的电梯各有优缺点，经过衡量最终选择了螺母螺杆电梯。

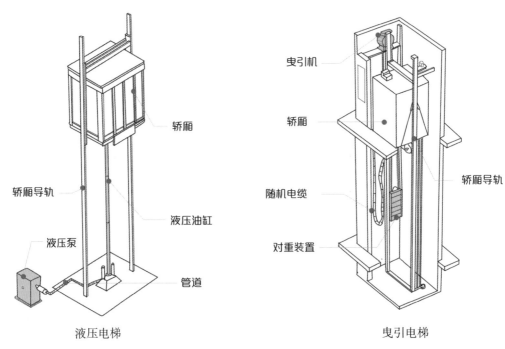

液压电梯

曳引电梯

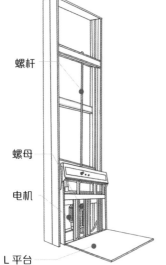

螺母螺杆电梯

液压电梯

通过液压动力源,把油压入油缸使柱塞做直线运动,直接或通过钢丝绳间接地使轿厢运动的电梯。优点是安全、经济、节省建筑空间;缺点是运行噪声大、液压油容易泄漏,温度的变化会影响液压油黏度,影响舒适性。

曳引电梯

用电动机转动带动曳引轮转动,驱动钢丝绳,拖动轿厢和对重做相对运动。优点是运行平稳、节能环保,性价比较高;缺点是对土建要求高,构造复杂。

螺母螺杆电梯

运行原理是由电机带动螺母连着平台,沿着一根从顶到底的螺杆在封闭式的井框内做运动。优点是安装灵活、适应性强 、安全性高、井道利用率高;缺点是行驶速度慢、存在机械噪声且不能用在较高楼层。

3 改变住宅入户门洞的位置，避免别墅大门正对入户门，利用改造后的完整墙面设计影壁墙。一是增加空间的过渡性，二是增加回家后的仪式感。

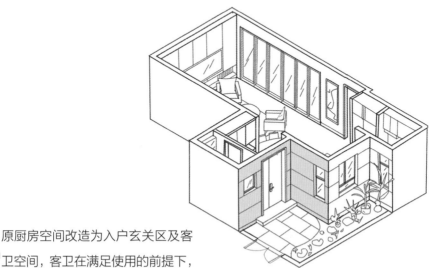

4 原厨房空间改造为入户玄关区及客卫空间，客卫在满足使用的前提下，进行空间压缩。玄关区分别设置了玄关柜及换鞋凳，满足回家后换鞋、挂外套等需求。

改造后的入户玄关区域

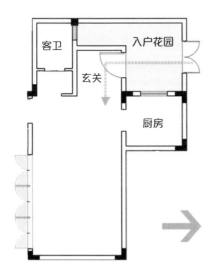

入户玄关区域改造前

入户玄关区域改造后

5 原格局的玄关区及客卫空间改造为厨房，并划分出了中厨区和西厨区，平时两个区域相互贯通，不但视觉上通透，使用也便捷。当厨房进行猛火烹饪时，可以拉出隐藏的双联长虹玻璃推拉门，让中厨进行封闭，以阻止油烟外溢；西厨区配备烤箱、蒸箱、电磁炉、洗碗机等厨电设备，满足一个现代家庭的烹饪需求。还有一个大岛台，既可在忙碌的早晨，变为早餐区，也可在闲暇时光，小酌一杯。

6 客餐厅与厨房连为一体，整个家庭公共空间更加通透宽敞。餐厅选用椭圆形岩板餐桌，使空间气氛变得轻松。客厅区改变以电视机为中心的传统布局，而将主沙发面向庭院摆放，景色宜人的室外园林，才是最值得欣赏的美景。

7 楼梯间与原茶室进行对调，楼梯踏步改为 U 形，增设的玻璃电梯被包裹在楼梯踏步中间，电梯间与步行楼梯紧密结合，使用会更便捷。楼梯踏步宽度设定为95cm，还是保留 18 级台阶，上下行走起来不会显得局促。

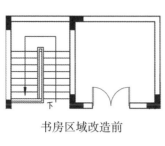
书房区域改造前

书房区域改造后

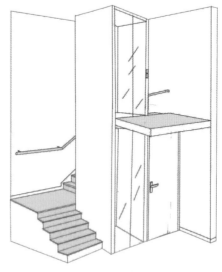
改造后的楼梯间

8 原楼梯间改造为茶室，并与隔壁的长辈房空间打通，利用折叠门进行闭合。这样一来两个空间形成套房格局，闲暇时光可以在此品茗聊天，当家中偶尔有访客留宿，封闭折叠门直接变身为客房。房间里设计的大容量储物柜，既可以收纳摆放茶具或工艺摆件，也可以存放长辈的物品。

与年轻人相比，长辈需要收纳的物品更多，其中既有生活物品，也有收藏品。此外，还有很多医疗物品，如血压计、血糖仪、按摩器、拔罐、氧气袋等，在设计规划时都要考虑周全。

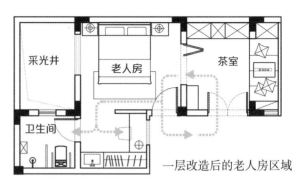

9 老年人的房间宜宽敞、通透，忌琐碎、逼仄。此房间原始格局有些琐碎，所以在改造中减少隔墙，让空间更通透。

室内原有一个外凸的小阳台，但考虑在实际生活中不太实用，也影响下面负一层的房间采光，所以直接打掉改为外窗，然后在书桌前

一层改造后的老人房区域

的墙壁上开设了一个面向走廊的室内窗。当老年人看书时抬头就能透过窗户望出去，而家人们在走廊里活动时，也能透过窗户看进来。长辈房与休闲茶室形成套房格局，同时也打造出洄游动线，日常活动更便捷，即使有一天腿脚不便，使用轮椅出入也更方便。

10 卫生间玻璃浴房设计为半隔断形式，这样对老年人更安全。地面取消挡水条，采用长条形地漏排水，消除地面高低差，避免老年人出入时摔倒。马桶配备扶手，淋浴区安置折叠浴凳。卫生间盥洗盆外迁分离设计，但盥洗镜斜冲着床，容易让人感到不适，尤其是晚上起夜时，所以特意把盥洗镜安装在了侧面，以避免对着床。

11 主卧室外的小庭院下挖，改为下沉式庭院，以此来改善负一层的通风采光。屋主空闲炒股，需要在卧室中有一个相对独立的上网区，改变原衣帽间门洞，在走廊区打造了一个对夜间睡眠影响较小的书桌。

12 衣帽间门洞位置从原来的过道区改到了睡眠区，主卧卫生间的淋浴、马桶、盥洗盆分别设立，形成三分离格局。盥洗化妆区与衣帽间处于同一个空间中，也更适应现代人的生活习惯。

13 扩充合院负一层的建筑面积，需要经过相关部门审批，在具体设计施工中不但要将结构的安全性、防水性、防潮性等处理好，空间的通风采光也非常重要，它关乎着居住的舒适性和健康性。我们特地将一层院子的局部下挖，打造出两个下沉花园，来改善负一层的通风采光，还在孩子房里增加了室内窗，以便空气对流更顺畅。

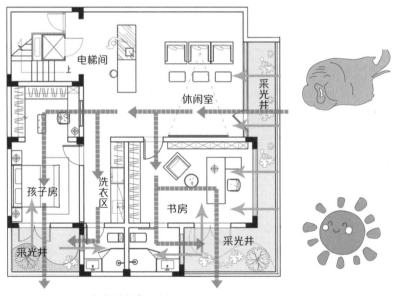

改造后的负一层

14 孩子房安排在负一层，将原有楼梯间并入其中，改造为衣帽间与学习区。特意在书桌前的墙壁上开出室内窗，既能在学习时扩展视野，又能增强室内的空气流通。

15 负一层新增加的空间定位为多功能活动区，将家庭观影、健身、水吧都囊括其中，利用格栅板与硬包饰面来装饰墙壁，既提升音质效果，又美观大方。家庭洗衣房设置在客卫外的走廊区，安置了洗衣机、烘干机、洗衣盆、熨烫台。下沉采光井的墙壁上种植了郁郁葱葱的植物，映衬得室内也充满了生机。

16 原来的休闲区通透性不佳，将上层主卧外的小花园进行下挖，作为此空间的下沉花园后，房间通透性得到改善。房间摆放了衣柜、大书架、办公桌、阅读沙发，成为男主人的书房，在这个静谧的房间里看书、上网，或起身到外边的小花园拨弄一下花草，让时间慢下来，何尝不是一种享受。

本案例适老化设计考虑点

视觉、听觉考虑

①客厅沙发布局面向景色宜人的庭院，使人心情舒畅。

②调整客厅格局，形成 LDK 一体化格局。

③长辈房减少空间隔墙，加装室内窗，让视线、声音与空气更通畅。

④空间照明采用无主灯设计加防眩晕灯具。

⑤ 郁郁葱葱的下沉小花园和植物墙，让负一层空间也充满生机。

味觉考虑

①中西厨格局设置，减轻家务劳动强度、防止油烟外溢，让人享受下厨的乐趣。

②餐桌上方吊装高显色性的暖色照明灯具，用来增强食欲。

触觉考虑

①空间整体采用中央空调，保持舒适的温度。

②增设热水循环系统，保证热水的及时供应。

③安装恒温龙头，防止烫伤。

④利用采光井和室内窗,实现良好的通风与采光,进而保障负一层的空气质量和湿度。

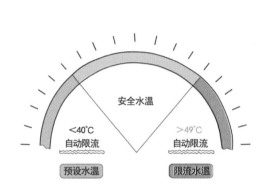

恒温花洒

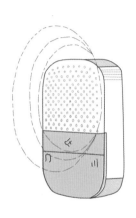

紧急呼叫器

安全性考虑

①玄关鞋凳旁、马桶旁、加装了助力扶手。

②洗浴区安装折叠浴凳和平衡扶手。

③卫生间与长辈房都安装了紧急呼叫器。

④淋浴区采用能快速排水的条形地漏，取消挡水条，避免老年人绊倒。

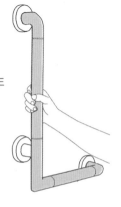

室内行动考虑

①加装家用螺杆螺母升降电梯，连接上下楼层。

②长辈房面积扩充，形成套房格局，并打造出洄游动线。

2

要想晚年住得好，
提前准备早起跑

在室内设计改造中，有意识地植入适老化设计理念，为以后还有几十年的下半生生活，打下良好的基础，预留好各项的"接口"，真到了垂垂老矣的那一天，才可以从容应对。所以，要想老年住得好，中年就应着手进行规划。

社会科技不断进步，人们的寿命也越来越长，但不可否认的是，人在过了四十岁以后，身体机能不可避免地出现下滑，体力、脑力、精力都感觉大不如前，并且这种感受会随着时间的推移，逐渐明显并加速。人到中年的我们，趁着还有体力，身体还算健康，收入也还稳定，要提早规划下半生的居住场所。

生活在上海的吴先生与太太的思想就很有前瞻性，虽然还不到知天命的年纪，但在这次房屋装修设计中，已有了提前规划老后生活的打算。

吴先生家庭结构是典型的三口之家，吴先生夫妇及刚参加工作的儿子。委托人本身工作稳定，生活清闲，现在唯一的孩子也参加了工作，就想趁着有精力有时间，改善一下生活环境。吴太太从事教育行业，他们就特意购买了单位附近的这套二手房，一来房子离学校距离近，二来对周边的环境也熟悉。对房屋的室内装修设计，夫妇两个也进行了深思熟虑，就是趁着自己精力、体力、经济能力都还可以的前提下，在设计中提前植入适老化设计理念，为老后的生活提前做好准备。

通过整体改造，这套普通的小三室住宅重新焕发了青春。房间通透明亮，温馨舒适，弹性划分的格局，还拥有了洄游动线。吴先生夫妇可以舒适地享受当下生活，并从容不迫地迎接未来了。

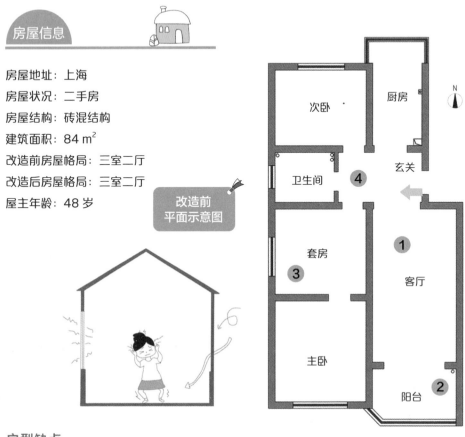

房屋信息

房屋地址：上海
房屋状况：二手房
房屋结构：砖混结构
建筑面积：84 m²
改造前房屋格局：三室二厅
改造后房屋格局：三室二厅
屋主年龄：48 岁

改造前平面示意图

户型缺点

① 砖混结构的老住宅，空间优化调整受限较多，尽量避免对整体结构的大拆大建。

② 老旧住宅，窗户为单层铝合金窗，保温隔音性能不佳，室内其他系统皆已老化。

③ 主卧外有一个开放式的套间，形同鸡肋不好利用。

④ 入户门正对卫生间。

☑ 通风 采光   ☒ 隔音 | 保温 | 动线
　　　　　降噪 | 收纳 | 格局

改造后
平面示意图

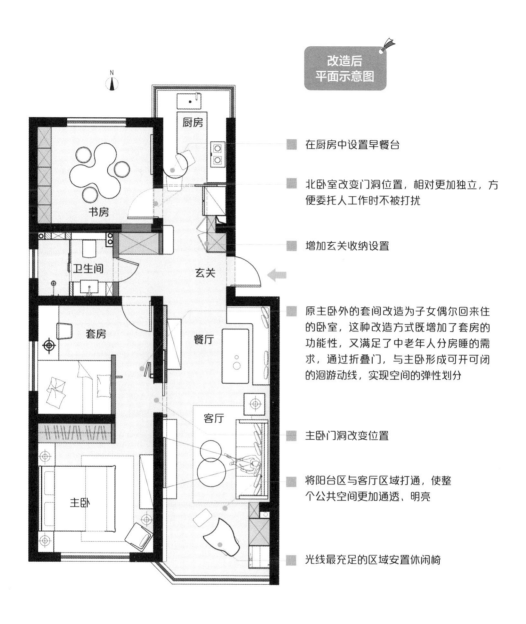

在厨房中设置早餐台

北卧室改变门洞位置，相对更加独立，方便委托人工作时不被打扰

增加玄关收纳设置

原主卧外的套间改造为子女偶尔回来住的卧室，这种改造方式既增加了套房的功能性，又满足了中老年人分房睡的需求，通过折叠门，与主卧形成可开可闭的洄游动线，实现空间的弹性划分

主卧门洞改变位置

将阳台区与客厅区域打通，使整个公共空间更加通透、明亮

光线最充足的区域安置休闲椅

改造
细节

    高龄住宅在改造中需要将房屋的结构安全放在首位,在科学论证、合理加固的前提下,方可谨慎进行房屋格局的优化,同时将通风、隔音、保温、安全等有关居住舒适度的指标,一步改造到位,为老后生活打下良好基础。

    1 住宅的隔音降噪及保温性是衡量舒适度的重要指标,其中窗户的性能很关键。空间的热量流失及噪声传入,多是由窗户作为路径出入的,因此改造的第一步就是拆除原有的普通铝合金窗,改为三玻两腔断桥铝窗,这样可使室内的保温、隔音性能得到大幅度提高。

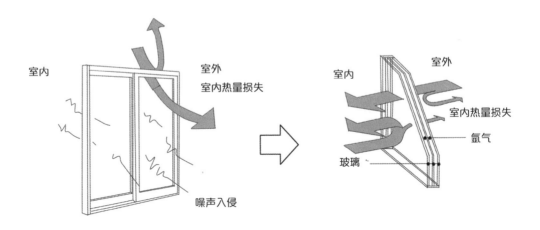

    2 南方地区冬季天气湿冷,没有集中供暖装置,冬季如果单纯依靠空调取暖,体感不舒服,也容易使人出现呼吸道疾病,最好还是利用暖气进行冬季取暖,所以在这次设计中,特地加装了地暖设施。地暖在热源供应上有电热地暖和水热地暖两种。

    电热地暖是利用电缆金属丝发热,将其均匀铺装在地板或地砖下方,对整个地面加热,进而加热房间空气。利用温控器进行温度调节,这种采暖方式将电能转换为热能,它的优点是构造简单、即开即热、操控方便，还可以分室控制，缺点是铺设面积越大用电负荷就越大，存在轻微磁场感应。

水热地暖是利用燃气壁挂炉地暖盘管系统，将地暖盘管均匀铺装在地板或地砖下方，对整个地面进行加热，进而加热房间空气，这种采暖方式是利用燃烧天然气加热水温，然后辐射热量。它的优点是利用天然气为热源，使用成本相对经济，并且能同时解决生活热水的问题，适合大户型住宅，缺点是后期维护成本高、小面积供暖性价比低。

上述两种取暖方式，从舒适度、使用寿命、经济角度、安全性等各个指标进行对比，综合考虑后，此次改造最终选择了电热地暖方式。

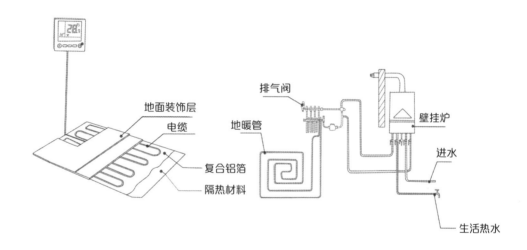

3　安装空调。从使用体验感的角度进行比较，中央空调比壁挂空调更舒适，但作为平时只有两口人常住的家庭，从节能环保的角度考虑，中央空调不是最佳选择。所以在此次设计中，客餐厅选择用风管机空调，而卧室、书房用壁挂机，这样的搭配，能在美观、舒适、节能之间找到平衡点。

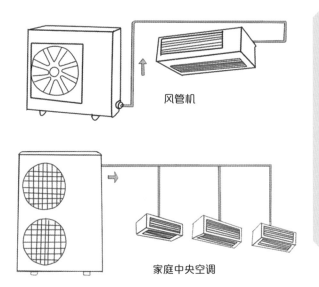

风管机

家庭中央空调

中央空调是一个外机多个室内机的组合，即使只有一个房间使用，外机也需要运转。而风管机就像一拖一的中央空调，应用在客餐厅公共区域，与吊顶配合，外形美观又使用灵活。

4 将原阳台区与客厅区打通，融为一体，让充足的阳光与清风可以畅通无阻地填满整个空间。我们将这采光最好的区域设为休闲区，摆放休闲沙发、脚凳，闲暇时间在此看看书、晒晒太阳。

5 在东侧墙面设置洗衣区，放置综合储物柜，将洗衣机、烘干机、熨烫机都进行妥帖安置。其面向沙发区的侧立面，设计为敞开式，并摆放书籍，坐在沙发上伸手就可以取阅。客厅放沙发，对面摆放电视机。在沙发选择上，特意选择了有木扶手的高位沙发，这种沙发对中老年人来说，使用更友好，在其坐立时能比较省力、便捷。

6 沙发北邻餐厅区域，餐椅特意设计为拐角卡座形式，卡座进深为 55cm，靠墙摆放可以最大限度地利用空间，人们坐在上面也会更放松。

这个区域也是家庭中的多功能空间，以餐桌为中心，可以在此喝下午茶、阅读、聊天、插花、练字、画画等。

7 餐桌对面的墙体造型设计为外贴大理石板的外凸造型，其实此处后面隐藏了一扇入墙式推拉门，考虑到适老化特性，避免凸出的地轨给老人带来危险，推拉门设计为上轨道滑动，消除了可能存在的不安全因素。大理石墙面前摆放斗柜，既可以用来储物，也可当作茶水台。

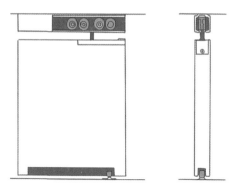

8 客厅整体照明为无主灯照明，东侧采用泛光灯槽照亮整个墙面，西侧顶面采用磁吸轨道灯，局部顶面安装了防眩筒灯，作为照明补充。

除了上述主照明外，还在沙发的左侧墙壁安装了壁灯，当作阅读灯。为了突出家庭中的轻松氛围，特地在餐区使用了垂线吊灯，这样的设计使得整个空间柔和、明亮。

9 入户门正对卫生间门，观感不佳，但门洞没有合适的空间进行腾挪，增设隔断也没有足够的进深，于是我们利用日式半布帘进行视线阻隔，增加空间的进深感，既不影响空间的舒适度，又极大地提升了空间的美观性。

对家中的点滴空间都尽量充分利用，北侧书房的门洞做了位置移动，但原门洞没有一封了之，而是利用其进深打造出一个壁柜，作为玄关收纳的补充。

10 在适老化改造设计中，卫生间是一个重点区域。我们首先将卫生间的门改为向外开启，这样使用更安全。盥洗盆采用墙排方式，解放了盆下空间，下面可以摆放体脂秤，卫生间的日常清理维护也更方便。淋浴区地面采用排水槽形式，可以让水更快地排走。

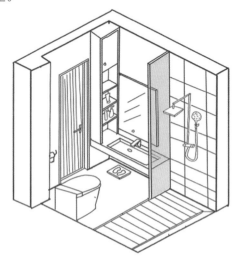

改造后的卫生间

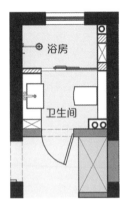

改造后的卫生间区域

11 卫生间有朝西的窗户，通风良好。在淋浴区上方，安装了一个隐形晾衣绳，虽然家中配置了烘干机，一般的衣物都是直接烘干后放入衣柜，但在日常生活中有些小件衣物也需要进行晾晒，这时隐形晾衣绳就派上了用场。

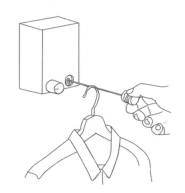

12 将主卧的门洞位置进行调整，直接朝向客厅，使得主卧与北侧房间都获得独立，不再彼此影响。但拆改门洞位置后，如果夫妇晚上起夜，需要绕行客厅才能到达卫生间，路径有些远，所以与隔壁卧室没有直接封死，而是开设门洞，增加了一樘折叠木门。平时家中只有夫妇二人时，新增门洞与原有的门洞可以同时使用，形成洄游动线，晚上去卫生间也更便捷。

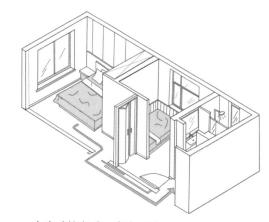

改造后的主卧、套房区域

13 儿子也偶尔会回家住几天，新独立的套房也可定位为客房。当孩子回家住宿时，就直接关闭折叠门，使两间卧室互不打扰，变为两间独立的房间。

这间套房其实还有更深的考虑，很多人上了年纪后，为了保障睡眠，喜欢分房睡。不考虑孩子回来居住的前提下，夫妇两人也可以每人一间房。又或者以后年事渐高，到了需要请陪护人员帮助的时候，这间套房也可以作为保姆间。

主卧、客房模式

主卧、套房模式

14 吴太太从事教育行业，每到周末或节假日都需要在家授课，所以将最北侧的房间改造为吴太太的独立书房。房间门原来朝向南，与套房门、卫生间门紧邻，在授课时很容易受到其他房间的干扰，将门洞改变位置，朝着厨房方向开启，提高了此房间的独立性。房间西侧定制了整面的柜子，用以收纳物品和摆放书籍，房间还摆放了一张异形书桌，方便授课时使用。

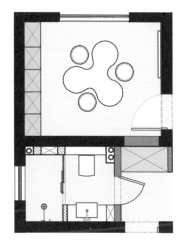

改造后的书房区域

15 玄关空间也是适老设计中的重要区域。充分利用入户门附近的边角空间，设计出玄关柜，尽可能地增加收纳空间，以便存放外套、帽子、手包等物品。开敞式的置物架存放钥匙、门禁卡、证件等零碎物品，提醒主人在出门时不要遗忘。

16 原厨房空间比较扁长，所以在新的规划中将其长度压缩，冰箱外移。考虑到家中平时只有屋主夫妇二人生活，所以在厨房中设置了一个早餐台，平时两个人可以就近在这里用餐，也方便收拾家务，当孩子回来或家中有客人时，再到餐厅吃饭。在冰箱与灶台之间隐藏着两扇推拉门，这使得厨房可开可合，不用担心油烟问题。

本案例适老化设计考虑点

视觉考虑

①无主灯设计，防眩晕筒灯。

②色彩搭配清新自然。

听觉考虑

①阳台与客厅区打通，让空间通透宽敞。

②安装断桥铝窗户降噪。

嗅觉考虑

①厨房安装煤气报警器。

②客厅、主卧等安装烟感报警器。

触觉考虑

①铺设地暖装置。

②安装风管机空调。

室内活动考虑

①地面铺设地暖、木地板和防滑木纹地砖。

②选择硬质沙发。

③组织洄游动线。

④外开启卫生间门。

⑤卫生间地面水槽排水。

睡眠起夜考虑

①感应夜灯。

②空间弹性划分，夜间起夜更方便。

记忆力、生活习惯考虑

①玄关处设计开敞式置物架,固定放置出入时随身物品。

②厨房安排早餐台，方便二人世界时用餐。

③多功能卡座餐厅。

防眩晕筒灯

烟感报警器

感应夜灯

案例

3

光线通、空气通、
声音通、视线通

在现代家庭中，越来越重视家人之间的情感沟通，即使处在不同房间，也希望能感受到彼此的存在，保持视线沟通或声音沟通。与此同时，家人之间也需要适当的距离，保证彼此之间不会互相干扰。

一套住宅居住起来是否舒适，通透性是一个很关键的指标。狭义的通透性是指空间里的通风与采光的性能，良好的通风与采光能提高居住环境的舒适性，也能让人心情舒畅。而广义上的通透性应该还包含声音、视线之间的通透。现代家庭越来越重视家人之间的情感沟通，即使处在不同房间，也希望能感受到彼此的存在，保持视线沟通或声音沟通。同时，家人之间又要保持适当的距离，每个人的活动不会打扰到对方。

这些设计原则对有老年人或孩子的家庭尤为重要，大人虽然在厨房忙碌，但能通过声音或视线，随时关注到在外边玩耍的宝宝；老年人晚上在卫生间洗澡时，一旦滑倒或出现其他意外，家人也能及时发现，进行救援。

李老先生的家在重庆市，是一套靠近江边的高层住宅公寓。家中的常住人口主要有三个，夫妇俩及小孙女，孩子父亲在外地工作，每年只有逢年过节偶尔回来住几天。小孙女今年刚升入小学，而李老先生及其妻子已经退休，生活的重心就是围绕孩子进行。走进他们这个家中，给人最大的感受就是舒适通透，房屋在装修设计中还特意融入了许多的适老化细节，让两位老年人可以在一个安全、健康的环境下，享受千帆阅尽后的恬淡生活。同时也考虑到了小孙女，尽力给她创造一个能够茁壮成长的环境。看似两个极端的设计追求，一个是适老化，另一个是适幼化，两者之间既有相通点，又有差异化，具体在设计中是怎样做到的呢？

房屋地址：重庆

房屋状况：高层住宅公寓

房屋结构：框架结构

建筑面积：140m²

改造前房屋格局：四室两厅

改造后房屋格局：四室两厅

屋主年龄：祖父母 70 岁，孙女 6 岁

户型缺点

① 入户玄关空间缺少收纳考虑，如果迎面做收纳柜势必侵占过道宽度，使人感觉压抑。

② 此房型并非直接的南北采光、对流，像厨房和餐厅的采光都需要借助东侧的小生活阳台，这样就导致餐厨空间的采光较弱。

③ 主卧的衣帽间挤压了相邻客房的空间，影响了次卧的完整性、舒适性。

④ 从公共空间通向各房间的过道没有直接采光。

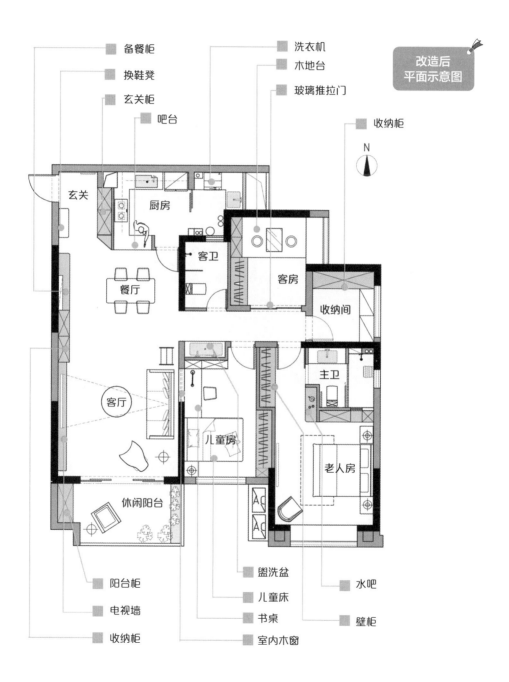

备餐柜

换鞋凳

玄关柜

吧台

洗衣机

木地台

玻璃推拉门

收纳柜

改造后
平面示意图

N

玄关

厨房

客卫

餐厅

客房

收纳间

主卫

客厅

儿童房

老人房

休闲阳台

阳台柜

电视墙

收纳柜

盥洗盆

儿童床

书桌

室内木窗

水吧

壁柜

改造
———
细节

1 玄关空间是住宅中的一个重要空间，往往面积不大，但使用频率较高。主人出入时要在此空间完成一系列动作，比如衣物收纳、存包挂伞、更换拖鞋、存取钥匙等，所以在此处的规划中，需要用心考虑。

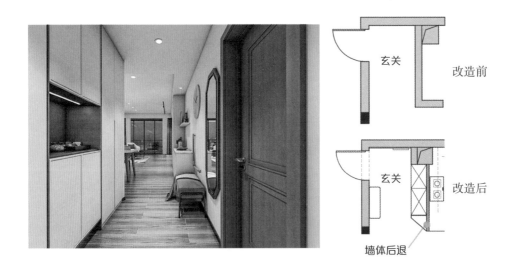

首先我们将过道与厨房之间的隔墙向后推移，先扩充宽度然后再打造玄关柜，这样既解决了收纳的需求，又不至于使人感到逼仄，还特意将玄关柜的侧面进行倒角处理，以便通过此区域时更顺畅。摆放了换鞋凳并安装抓握扶手，老年人出入换鞋时更方便。在过道墙壁上镶嵌感应灯，免除了在黑暗中寻找开关的困扰。

2 有老年人和孩子的家庭，需要收纳的物品特别多，一旦收拾不及时，客餐厅往往成为重灾区，餐桌上、茶几上、沙发上，不知不觉就堆满了杂物。在李老先生的家中，对客厅西墙进行了充分利用，设置了充足的收纳空间，在餐桌附近也安排了一组备餐柜，上面摆放水壶、咖啡机等小厨电，下方收纳餐具、茶具，用于收纳餐厅的瓶瓶罐罐。

3 厨房采用了半开放式设计。这样的设计有两个好处，一是可以改善餐厨空间的采光与通风，二是一个人在厨房中劳作时，也能随时与客餐厅的家人进行沟通，使人心情舒畅。

改造后的客餐厅区域

4 爷爷奶奶已经七旬，
随着岁月的流逝身体
机能不断地衰退，也许有一天
需要借助轮椅的辅助。所以在
厨房设计时，特意将水槽下方
进行缩退，以便坐在轮椅上也
可以靠近使用。水槽的上方还
安装了一台管线饮水机，即热
直饮更便捷。

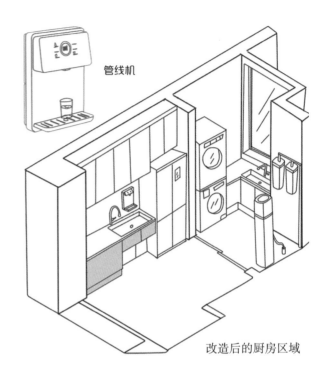

管线机

改造后的厨房区域

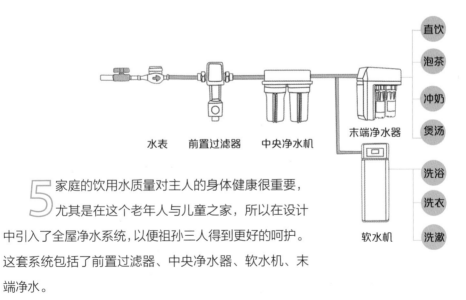

水表　前置过滤器　中央净水机

末端净水器

软水机

直饮

泡茶

冲奶

煲汤

洗浴

洗衣

洗漱

5 家庭的饮用水质量对主人的身体健康很重要，
尤其是在这个老年人与儿童之家，所以在设计
中引入了全屋净水系统，以便祖孙三人得到更好的呵护。
这套系统包括了前置过滤器、中央净水器、软水机、末
端净水。

6休闲阳台保留原有的开放式格局，只是在地面铺设了户外木地板，顶部采用防水石膏板吊顶，并将电动升降晾衣架内嵌其中。闲暇时光在此看书、喝茶、观赏外景，都是不错的享受。阳台与客厅之间的地面采用无障碍处理，消除地平差，以免给老年人或孩子带来不便。

7日本学者所著的《打造让孩子自主学习的住宅》一书所主张的观点对我们很有启发性。他们研究发现，在一个和睦融洽、通透灵活的空间里，孩子的学习成绩会更好，坐在密闭的房间，面对着白墙与书桌，只会让孩子不断地与睡神做斗争。

这个观点我也深以为然，所以在改造客厅隔壁的儿童房时，特意改造出一个室内窗，当孩子坐在书桌前写作业时，抬头就能透过内窗看到客餐厅的家人，而客厅的爷爷奶奶也能随时掌握小孙女的学习状态，彼此都更安心。

⑧将客卫的盥洗区外迁至走廊，实现空间的干湿分离，也能让各个使用空间更舒适。正常的盥洗台高度，小朋友使用起来不是很方便，所以采用了高低双台盆设计，在生活中体验感会更好。

⑨老人房对面的房间设计为收纳间和客房。收纳空间里面打造了整面墙的收纳柜，满足储物需求，客房还设置了一个多功能的休闲木地台。正常情况下走廊的光线都不会太好，因为它需要借助两侧的卧房进行间接采光，为了改善走廊的采光，将客房改为玻璃推拉门，进一步增加了空间的通透性。

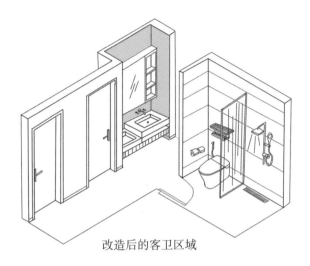

改造后的客卫区域

10 老人房的主卫隔墙后推，在走道区域安排了一个茶水柜。台面上摆放水壶、茶杯，下方抽屉里存放常用药品和血压仪、血糖仪等医疗器械，这样既方便使用，又从视觉上让过道更宽敞。茶水柜上部还特意安装了一个垂线灯，美观又实用。

11 原始房型中主卧（即改造后的老人房）有一个独立的衣帽间，但它的存在挤压了隔壁卧室的空间。在改造中，通过空间挪移将其化整为零，给两个卧室分别打造出一组大衣柜，既满足各自的使用需求，又能合理安排空间的平衡关系。

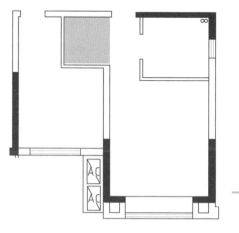

改造前的主卧、主卫区域

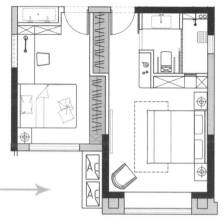

改造后的老人房、主卫区域

12 卧室空间是老年住宅设计的一个重点区域，灯具与灯光设计也需要重点关注。本案例中老人房的床头灯选用了壁灯，这样设计的好处是避免灯具挤占床头柜的桌面空间。在顶部灯具的选择上，采用了"防眩筒灯 + 暗藏式 LED 灯带"的形式，这样既能保障空间照明，还能避免眩光。在光源的具体参数上，建议色温为4000K，显色性大于或等于 90。

13 老年人在洗浴时如果水温较高，会导致心脑血管缺血，容易诱发心脑血管疾病。地面沾水后也会湿滑，容易使人摔倒，所以说卫生间是老年人容易出现事故的场所。这次在卧室的设计上，特意在洗浴区与睡眠区之间的隔墙上预留了观察窗口，万一在洗浴时发生意外，在外边的老伴能及时发现并进行救援。

14 卫生间也是老年住宅的重点关注区域，要考虑到便捷、安全等各方面因素。除了地面防滑处理、智能马桶、安全扶手、浴凳、恒温花洒等安全设置的考虑外，门扇开启的方式也需要特别关注。一旦发生意外，向内开启的门扇容易被卡住，降低救援效率，也可能会撞到里面的人，对其造成二次伤害。建议采用向外开启方式或推拉形式，发生意外时，能够顺利打开卫生间门进行施救。

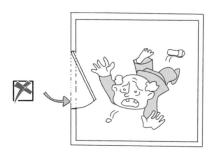

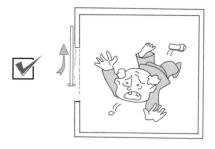

15 盥洗盆的设计也考虑到了适老化的细节，下方进行了退缩，即使随着身体衰老，有一天需要借助轮椅生活，也可以轻松贴近台面进行洗漱。

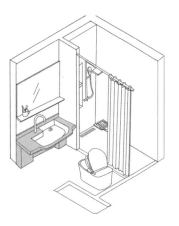

改造后的主卫区域

16 老人上了年纪睡眠会变浅，夜里翻身或起夜都容易干扰到对方，因此老人房的双人床使用了分体床垫，这样可以保持一定的独立性，以减少睡眠时的相互影响，提高睡眠质量。

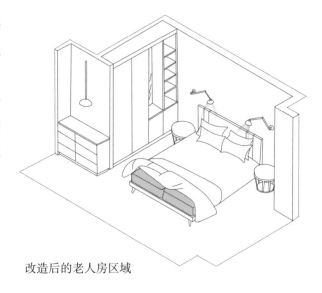

改造后的老人房区域

17 在常规设计中，住宅开关面板设置在距地130cm处，插座设置在距地30cm处，这个尺寸是参照正常人的人体工程学所设计，但真正具体到每个人时会存在很大的差别。老年人身体的灵活度、骨骼韧性都会大幅下降，所以对家中的开关、插座高度进行了调整，插座距地40cm，开关面板距地110cm，这样可以减少弯腰或抬臂的幅度，提高生活的便利性。

本案例适老化设计考虑点

视觉考虑

①无主灯照明设计，使用防眩光筒灯、暗藏 LED 灯带，使得室内光线柔和、明亮、均匀过渡。

②利用户外木地板、绿植，给家庭打造出一个郁郁葱葱的休闲阳台。

③客房采用玻璃推拉门，增强走廊自然光照度。

④玄关、走廊、卧室安装感应地灯。

听觉考虑

利用室内窗、厨房窗，让空间通透性增强，无论在厨房烹饪，还是在书房看书，家人之间都能随时沟通交流。

安全性保障考虑

①调整开关插座的高度。

②厨房水槽下方进行缩退。

③主卫采用无障碍洗手盆。

④主卫洗浴区设置观察窗口。

⑤地面铺设防滑地材。

⑥卫生间门向外开启。

健康考虑

①全屋净水系统。

②安装管线机。

③使用分体设计的床垫。

④安装智能马桶。

便捷性考虑

①客卫干湿分离，安放高低双台盆。

②卧室摆放水吧。

改造后的交流空间

案 例

4

将适老化设计
融于细节中

在人生的几十年中，每个阶段对空间的要求既有相通点，又有不同之处，在进行设计时没办法做到真正的一步到位，需要先把通用需求做扎实，并将适老化设计融于细节中，在以后的岁月里，再循序渐进地增加升级。

人生每个阶段都有着不同的生活需求，比如中年阶段对住宅的要求是精致、大气、舒适、放松；步入"初老"阶段的居住需求是在中年阶段的基础上更加便利、安全、通畅；步入"中老"阶段对居住的要求是在初老阶段的基础上增设器械进行生活辅助，增设智能系统进行健康监护；而进入"老老"阶段，生活需求又发生了变化，身边可能需要介护人员，这就需要考虑子女或护工的"看护房"了。

人生每个阶段对空间的要求既有相通点，又有不同之处。便利、安全、舒适是相通之处，空间更通畅、辅助器械的使用、看护房的安置，是各个阶段不同的需求，没办法达到真正的一步到位，需要先把通用需求做扎实，再在以后的岁月里，循序渐进地增加升级。

这次的设计家庭是一个四口之家，古稀之年的奶奶、儿子儿媳和一个读大学的孙子。奶奶的身体不太好，脊椎有些问题，几年前膝关节也做过手术，日常行动有些不便，因此在这套房屋的设计装修中，特意针对性地做了很多适老化设计，以保障奶奶晚年的生活质量。

乔迁入住后，大家都很满意，感觉前期的辛苦付出没白费。在以后的岁月中，即使奶奶的身体进一步衰退，有适老化设计的加持，家人们也不用太过担心了。

房屋信息

房屋地址：山东，济南
房屋状况：高层住宅公寓
房屋结构：框架结构
建筑面积：160m²
改造前房屋格局：四室两厅
改造后房屋格局：四室两厅
屋主年龄：奶奶 78 岁，儿子、儿媳
51 岁，孙子 20 岁

户型缺点

① 面积分配失衡。过道南侧的空间过大从而导致北侧空间看上去更显狭小，存在失衡感。

② 从客厅进入主卧需要绕一个大圈，动线不便捷。

③ 打算将东侧主卧作为老人房，但该房间过道狭长，房间的储物空间也不足。

改造后
平面示意图

淋浴房

马桶间

书柜

书桌

推拉门

家务间

酒柜

西厨操作台

中岛

N

书房

主卫

衣帽间

主卧

客卫

西厨区

餐厅

中厨

冰箱

玄关柜

衣柜

升降马桶

玄关

主卫

孩子房

客厅

老人房

五斗柜

梳妆区

衣柜

书架

衣帽间

书桌

功能沙发

壁龛

电视墙

书桌

扁平洗手盆

改造
细节

通过户型优化让整个空间变得合理好用，更加适应现代家庭的生活习惯。奶奶为这个家庭操劳半生，身体也不太好，全家人都希望她能在这套新房子中安度晚年，生活得更幸福。通过适老化设计的加持，让奶奶拥有高质量的生活，继续保持她"想过的日子"，激发"我还能行"的生活信心。

1 最显著的变化是调整了客餐厅的面积比例，使其变得相对平衡。从客厅到主卫也不用绕道而行，生活动线变得流畅快捷，原来处于餐厅与客厅之间的鸡肋空间，也得到合理利用。

改造后的客餐厅面积比例

2 家中的门洞都特意进行了加宽处理，几个主要空间的门洞宽度接近 90cm，卫生间门特意向外开启或设计为折叠门，如果有一天奶奶需要借助轮椅行动，也能在家中自由穿行。

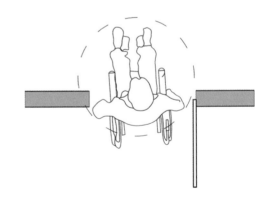

3 改造后的餐区面积扩大了 1.5 倍，使用起来更加舒适。原来的封闭厨房设计为中厨区，煎、炸、烹、炒等易产生油烟的工作在中厨内完成，在扩大面积后的餐厅，沿窗设计了操作台，同时还在餐区安置了独立的中岛台，这样就拥有了西厨区。操作台配置了水槽与洗碗机，日常烹饪中的煮蛋、烘焙、凉拌等工作就可以在此完成，既便捷又美观。

在餐厅西立面设计了玻璃酒柜，既可以收纳储物，又可以做展示柜，家中新设计的家务间，门洞也开在了餐厅的西墙。

4 对原走廊空间进行整合，一部分融入次卧，另一部分并入客卫。在原客卫空间隔离出一间独立家务间，在其中安置洗衣机、烘干机、电动晾衣架，囊括了洗衣、烘干、熨烫、晾晒等一系列家务功能，家务间可以直接从餐厅进入。在浴房洗完澡后，也可以通过推拉门直接进入家务间清洗衣物，形成洄游动线。

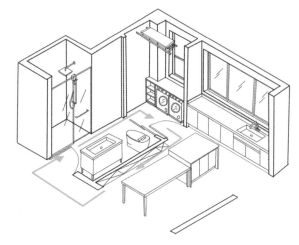

改造后的客卫、餐厅区域

5 原走廊区并入客卫的位置，改造为淋浴区。原马桶下水进行了位置调整，安装智能马桶。客卫与家务间之间的玻璃推拉门采用了调光玻璃，当有人使用卫生间时，玻璃呈现透光不透明的状态，而平时状态下的玻璃为透明状态。

6　奶奶白天最喜欢在客厅待着，所以客餐厅没有摆放过多的家具，尽量保持空间的宽敞。

小区的绿化极佳，有花园、水池，还能看见起伏的远山，当奶奶独处时，她喜欢看书、看报，或者看着窗外的风景。因为考虑到长时间坐卧易导致起身困难，所以家人特意在客厅窗前给她摆放了一个功能座椅，沙发也具有助站功能，可以协助她更轻松地起身。

7 厨房也是奶奶活动的主战场，老年人总是闲不下来，经常给家人们准备可口的饭菜，所以在厨房设计的细节上做了很多调整。地柜之间的空间保持在1.2 m×1.2 m，保证了充足的活动区域。吊柜顶板的内侧粘贴了镜面，让人在下方也能看清里面存放的物品，寻找东西更方便。并在使用频繁的吊柜上安装了电动升降拉篮，避免了登高取物带来的安全隐患。

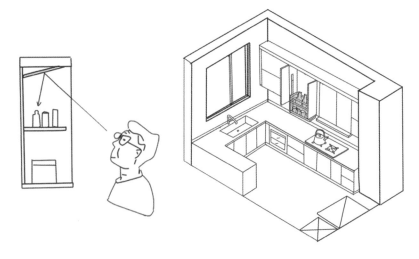

改造后的厨房区域

8 因为家中新分隔出的家务间解决了衣物清洗晾晒的问题，所以把原次卧的生活阳台完全并入孩子房，充分利用每寸空间，重新打造了一个步入式的衣帽间。并在光线充足的靠窗处设计书桌及书架，为孩子打造了一个学习区。

9 对客厅左侧主卧的衣帽间与卫生间进行了重新整合与分隔。主卫进行四分离设计，马桶间、淋浴间、盥洗区、衣帽间分别独立，使其功能布局更加人性化。空间的采光、通风性能得到加强，视线也变得通透。如厕、洗浴、盥洗、化妆、换衣、睡眠，功能完善、动线流畅。

10 将客厅右侧的主卧设计为奶奶居住的老人房，一是因为房间内有专属的卫生间，比较便捷；二是长辈与晚辈之间的作息时间、生活习惯存在差异，此房间与晚辈的卧室稍微有一点距离，避免相互干扰。

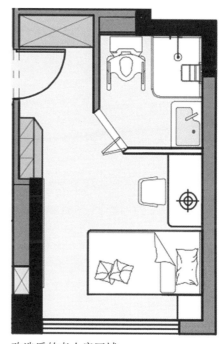

改造后的老人房区域

11 老人房门洞进行南移，西隔墙也外移，这样做的目的有两个，一是增加两个壁柜，扩大收纳空间；二是尽量缩短房间的走廊距离，出入的时候更便捷，卫生间的隔墙特地设计为斜墙，更是增加了走廊的宽度。

12 进入老人房的右手处设计了一组地柜和吊柜，地柜侧面倒角，减少日常出入时对老年人的意外伤害。奶奶在弯腰存取柜子里的物品时，地柜台面可以起到支撑身体的作用，出入卧室时，它又可以当扶手使用，然后到西墙面的木扶手，一路扶行至床前。

13 壁橱里的衣架如果过高，取衣服时往往很费劲，要么需要借助梯子或椅子，要么在高位只存放换季的衣物，尽量减少存取的频率。所以在这次装修中每个衣柜都安装了下拉式升降挂衣杆，既提高了衣柜的利用率，又避免了安全隐患。

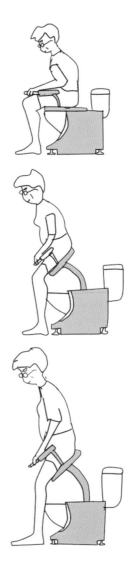

下拉式升降衣杆　　　　　　　电动升降坐便椅

14 老人房的卫生间是此次装修的重点，所以融入了很多贴心的适老化设计。人上了年纪，由于身体机能下降或心脑血管疾病，容易在如厕时发生意外。奶奶的关节与腰椎都不好，所以家人特意给她安装了一个电动升降坐便器，一键式操控，智能升降，起身不费力，带有靠背及扶手，还有一键报警按钮，如有意外可以发出报警铃声，及时通知家人。

15 因为老年人的身体协调性较差或患有心脑血管疾病，在密闭的空间容易产生憋闷的感觉，从而容易出现危险，又或者需要护理人员进行助浴，硬质隔断限制了空间大小，所以在高龄老年人的卫生间里，不建议在淋浴区安装玻璃浴房或硬质隔断，而是采用浴帘这种灵活的软性材质，既能让空间变得有弹性，卫生清洁也更方便。

在淋浴区安装浴凳也是常规的适老化设计，这次淋浴区安装的浴凳非常别致，它不但和安全扶手组合使用，位置也能灵活移动，十分便捷。

盥洗盆采用了超薄样式，即使以后身体变差，需要借助轮椅行动，也能轻松使用。

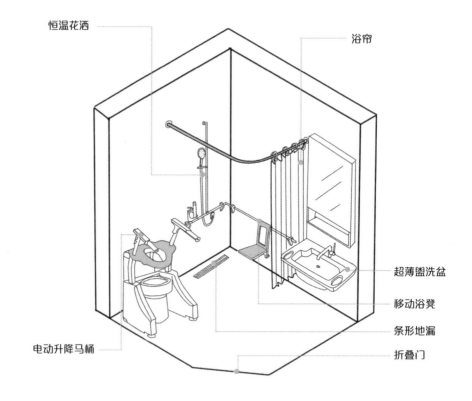

恒温花洒
浴帘
超薄盥洗盆
移动浴凳
条形地漏
折叠门
电动升降马桶

改造后老人房中的主卫区域

本案例适老化设计考虑点

视觉考虑

①室内照明采用防眩筒灯、暗藏 LED 灯带、线性灯照明,营造出柔和明亮的照明环境。

②家务间与客卫之间的推拉门采用了调光玻璃,同时保障了两个空间的通透性。

③公共空间地面铺贴柔光地砖,避免地面过于光亮而造成眩目。

④吊柜顶部安装反射镜面。

触觉考虑

①供暖方式为地暖。

②夏季采用整体中央空调降温。

无障碍考虑

①家中所有门洞都特意加宽,即使乘坐轮椅也能自由通行。

②客厅、厨房、卧室都预留出 150 cm×150 cm 的空间。保证轮椅能 180 度转动。

③客厅摆放具有助站功能的沙发。

④厨房加装升降拉篮。

⑤衣柜安装升降挂衣杆。

⑥卧室加装扶手。

⑦卫生间安装升降马桶。

⑧安装超薄盥洗盆。

⑨客卫、家务间形成洄游动线。

案 例

5

打造家中的
兴趣区

人的身体机能是用进废退，心有牵挂、有事可干、忙忙碌碌不停歇，才能保持身心的康健。无论是照看孙辈、种花养鱼，或去老年大学练习书法、打牌消遣……只有将时间填满，忙碌起来，积极地融入社会，才能保持精神上的愉悦。

　　俗话说，人老后需要有七张底牌才能活得舒心、长寿。这七张底牌分别是老伴、老本、老底、老窝、老友、老来乐、老来俏，其中老窝是指老年人需要有属于自己的独立空间，不依附于子女，才能活得从容、有底气，而老来乐是指要有自己的爱好，乐在其中才能保持身心的健康。

　　人的身体机能是用进废退，心有牵挂、有事可干、忙忙碌碌不停歇，才能保持身心的康健。无论是照看孙辈、种花养鱼，或去老年大学练习书法、打牌消遣、跳广场舞等，只有将时间填满，忙碌起来，积极地融入社会，才能保持精神上的愉悦。

　　反之，有的老年人退休在家无所事事，又不能及时调整心态，老是沉湎于过去，导致精神消极，身体也会迅速地垮掉。

　　因此，在住宅设计上，需要多花心思，通过细致入微的观察、沟通，挖掘出老年人的兴趣爱好，给其创造出有利的环境。比如，利用家中阳台一角，给老年人开辟一个微型小花园，满足老年人莳花弄草的雅好；或在客厅一角设置书案，让老年人练习书法；或在收纳规划上打造出存放钓具的空间；或利用家务间一角，布置个手工工作台；或鼓励养宠物，在家中打造宠物角，通过小猫小狗来寻求精神慰藉。

　　在这套住宅中，就结合委托人的兴趣爱好打造出了绿植区、手工台，让老夫妇每天的生活过得恬静又充实。

房屋信息

房屋地址：山东，济南

房屋状况：二手房，复式

房屋结构：框架结构

建筑面积：一层 78m²，负一层 78m²

改造前房屋格局：四室两厅

改造后房屋格局：三室两厅

屋主年龄：65 岁

改造前
平面示意图

一层原始平面图

负一层原始平面图

户型缺点

1 封闭性的楼梯间占据整个餐区，导致整个客厅北半部采光差。

2 负一层的采光是通过采光天井，并透过两个上横窗实现，采光更差。

3 计划在负一层增设卫生间，但没有排污设施。

4 房间为暗室。

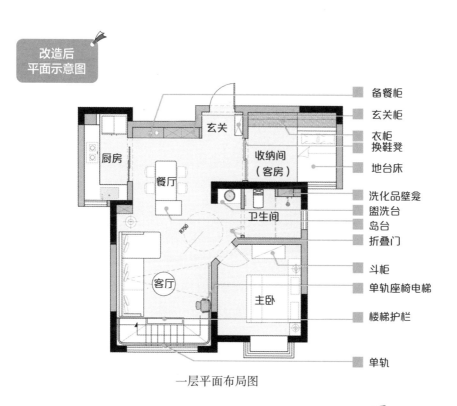

改造后平面示意图

备餐柜
玄关柜
衣柜
换鞋凳
地台床
洗化品壁龛
盥洗台
岛台
折叠门
斗柜
单轨座椅电梯
楼梯护栏
单轨

玄关
收纳间（客房）
厨房
餐厅
卫生间
客厅
主卧

一层平面布局图

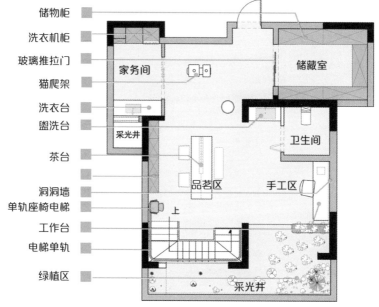

储物柜
洗衣机柜
玻璃推拉门
猫爬架
洗衣台
盥洗台
茶台
洞洞墙
单轨座椅电梯
工作台
电梯单轨
绿植区

家务间
储藏室
采光井
卫生间
品茗区
手工区
上
采光井

负一层平面布局图

改造
———
细节

　　住宅设计中，一般的刚需家庭往往会将空间利用到最大化，在有限的空间里尽可能地满足需求，如居住、会客、学习、收纳等，这就会导致空间比较紧凑，但对于给老年人打造的养老房，我们建议减少过多的功能设置，尽量让整体空间宽松，给老年人今后的生活预留出充足空间。

　　此套住宅定位为养老房，日常也只有老年人居住，所以设计时重点考虑老年人的需求，尽量让空间明亮、通透、便捷，让老年人开开心心地安度晚年。

1　将原有的楼梯间拆除，利用混凝土将原有的楼梯洞口封堵，创造出一个完整的餐区，客餐厅空间贯通，原先房间的逼仄感一扫而空。餐区北侧面沿墙打造一整面的柜子,将玄关鞋柜、挂衣柜都囊括其中，既解决了收纳问题，又保持了视觉上的整洁。

将阳台的楼板进行切割，新楼梯间移位于此，楼梯避免设在房间中心，以免将住宅空间割裂，从而保持整体性。阳台拥有大面积落地窗，是家中光线最为充足的区域，楼梯洞口设在这个区域，能将充足的阳光引入负一层，提高负一层的采光度，也加强负一层的空气对流，降低潮湿度。

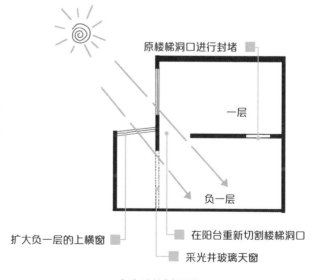

原楼梯洞口进行封堵

一层

负一层

扩大负一层的上横窗

在阳台重新切割楼梯洞口

采光井玻璃天窗

改造后的剖面图

3 玄关处的次卧空间，定位为收纳间（客房），用来收纳家中的衣物、被褥，同时还在房间里设计了地台床，如果以后家中需要请护工，这个房间可以作为工人房。

4 年轻人的房间对私密性要求较高，而老年人在居家生活中更喜欢看到彼此的身影，听到彼此的声音，对通透性要求较高。随着年龄增长和体能的下降，对交通便利性也有更高的需求。此案中我们将主卧室进行倒角处理，让卧室门洞斜对餐厅，在门前形成 150 cm×150 cm 的宽敞空间，即使乘坐轮椅也能 180 度转身，轻松出入卧室。

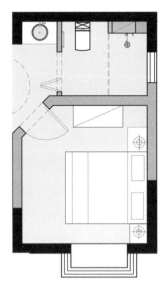

改造后的一层主卧卫生间区域

5 老年人夜间容易起夜，这也是身体容易出现状况的时期，如果睡眼蒙眬地打开门就看到大镜子，容易引起心理上的不适，这次改造让主卧室门洞倾斜，不再正对盥洗镜，化解了这一难题。

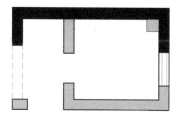

改造前的一层卫生间区域

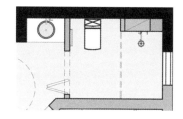

改造后的一层卫生间区域

6 拆除卫生间与盥洗区的 24cm 厚隔墙，改为 12cm，尽量增加卫生间的使用面积，同时也有意增加卫生间门洞宽度。卫生间门改为折叠门样式，让空间变得宽松，出入也方便。在新建隔墙时，特意在扶手高度处使用承重材料，以便后期固定马桶扶手。

在淋浴区设置的壁龛，既能摆放沐浴用品，也修饰了外凸的换气管道，让空间变得更加整洁。

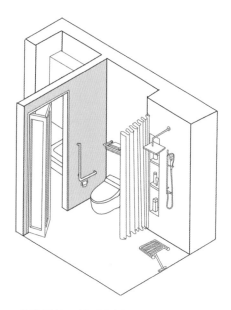

改造后的一层卫生间

7 一日三餐的备餐工作都需要在厨房里进行，厨房是家庭中非常重要的场所，这次在厨房设计上，设计成可以自主升降的多种操作模式，水槽及备餐台面可以电动升降，下边的地柜可以灵活组装拆卸。

　　身体健康的状态下，操作台保持正常模式，需要借助轮椅活动时，可以将水槽下的地柜移除，以便在轮椅上也能轻松操作。年龄增大身材佝偻时，操作台高度不适合，也可以进行高度调节，操作台不再拘于固定模式，而是根据居住者的身体状态，实现动态调整。

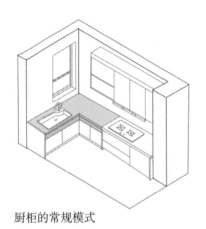

厨柜的常规模式

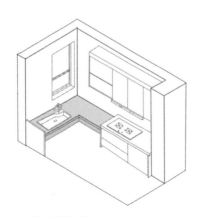

厨柜的升降模式

厨柜的底部镂空模式

⑧ 为了让空间尽可能地宽敞，主卧里没有设计衣柜，只是摆放了一个斗柜，平时收纳一下内衣，因为家中只有老两口居住，所以平时的衣物都可以放置在收纳间里。

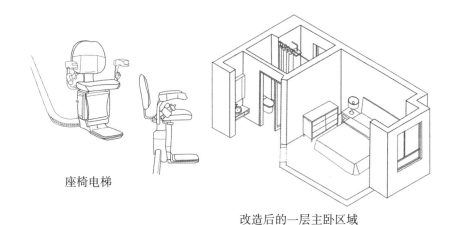

座椅电梯

改造后的一层主卧区域

⑨ 新建的楼梯踏步经过测算设计为 16 级，尽量保证上下楼时步幅平缓，以免老年人产生危险。随着年龄增加，考虑到老年人上下楼时会产生不便，特意在楼梯上增设了单轨座椅电梯。

座椅电梯也称为座椅式电梯，分直线型和曲线型，是一种运行在楼梯一侧的电梯，主要作用是帮助行动不便的人上下楼梯。它的结构一般是由轨道、驱动装置和座椅三部分构成，靠充电电池进行驱动，运行平稳，如遇障碍，也会自动停止，安全性能很高。

10 改造负一层，将采光井下挖，打通负一层中客厅与次卧临近南侧的墙，尽量将室外光线最大限度地引入室内。基层做好防水处理，安装上水循环系统，将此区域打造为家中的园艺区。地面覆盖苔藓，栽种绿植，还有小水景，整个空间郁郁葱葱，成了家人最爱待的地方，茶余饭后在此养养花、喂喂鱼，老后的生活变得丰富多彩。

将次卧与客厅之间的隔墙打掉，东侧改造为老爷子的盆景、根雕手工区，墙面组装了洞洞板，用于放置各式工具，如锤子、凿子、电钻、电锯，而下边摆放了一张工作台，每天侍弄完花草之后，在这张工作台前忙碌，将各种废旧材料加工成木雕、盆景，变废为宝，老年人的心里甭提有多痛快了，仿佛年轻了十几岁。

11　正对楼梯间的原客厅空间改造为茶室，在其西侧墙面定制了整面墙的收纳格，用于摆放老人收藏的茶具、茶叶及艺术品。

在房间正中摆放了一张大茶台，闲暇时光可以在此喝茶、赏花，老友来访，也可在此一块品茶聊天。

很多老年人喜欢养宠物，以此来慰藉心灵，在这个家中也养着一只小猫咪，是家庭中的重要一员，所以在茶室北侧的空间安置了猫爬架，作为猫咪的游乐场。

12 负一层正对楼上卫生间的区域，没有排污系统，只能当作储物间使用，这次也将其改造成卫生间。为了排污，加装了专用于地下室的电动提升马桶，将排污管连接到楼上卫生间位于负一层的排污管上，解决了卫生间排污的问题。因为家中只有老两口居住，所以负一层卫生间就取消了淋浴区，将空间缩小，增加盥洗区的宽度。

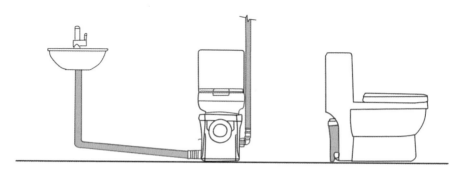

电动提升马桶

13 负一层的左侧储物间由采光井提供光线，通透性良好，于是将此处改造为家务间，安置了洗衣盆、洗衣机、烘干机、电动晾衣架，还安装了推拉门，以便晾晒衣服时与外边进行隔离。

负一层的另一间次卧没有外窗，实际是一间暗室，所以只好将此空间作为家庭的储藏室使用，在里面安装了机械通风装置，用以防霉除湿。

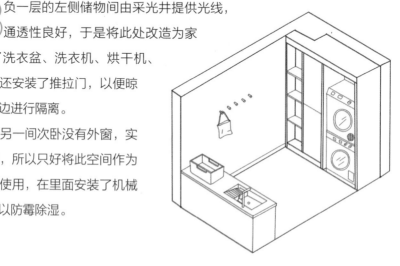

改造后的负一层家务间区域

本案例适老化设计考虑点

视觉考虑

①拆除原楼梯间隔墙，改动楼梯间位置，加强了房间的采光与通风。

②将客房的门洞扩宽并加装玻璃推拉门，使空间更通透。

③在餐厅上方设计反光灯槽，让餐厅光线明亮柔和。

④拆除负一层次卧隔墙，将次卧与客厅连为一体。

听觉考虑

宽大的楼梯洞口，使上下两层的通透性增强，处在不同楼层的夫妇，也能轻松交流。

触觉考虑

①暖气片改造为地暖，供暖更加均匀舒适。脚暖头凉的物理环境，对容易患心脑血管疾病的老年人更友好。

②地面铺设地暖专用锁扣地板，脚感舒适。

无障碍考虑

①改造主卧格局，使出入更便捷。

②扩大卫生间面积，加装马桶扶手。

③卫生间门改为折叠门样式。

④安装单轨座椅电梯。

⑤厨房设计电动升降操作台。

⑥负一层增设卫生间。

心理学考虑

①设计家庭绿化角。

②设计手工区。

③考虑宠物的需求，安装猫爬架。

6

升级无障碍措施，缓解护理压力

护理难题已成为养老问题中最艰辛的部分，患者如失去自理能力，需要依赖日常性、持续性的医疗护理和照料。这种负担与痛苦对患者与家人来说，往往是极其难熬的。

人上了年纪，最害怕身体出现失能现象，无论对患者还是家人抑或是社会来说，都是一个无法回避且沉重的话题。身体出现失能现象，大多数是由于运动器官疾患、心脑血管疾患、认知症、神经系统退化等原因造成的。患者的护理难题已成为养老问题中最艰辛的部分，它对患者与家人造成的负担与痛苦，往往是外人所无法体会的。

通过适老化设计，来改善、提升患者的生活质量，减轻介护人员与家人的护理压力，是我们研究的一个重要课题。

消除地面高差、铺设具备缓冲性能的防滑地面、安装拉起扶手是常规的无障碍设计手段，除此之外，还需要进一步升级防护措施。比如，调整居室结构，使得空间尽量宽敞通透，预留出介护人员的操作空间；扩宽居室门洞宽度，以满足轮椅能正常通行；使用具备电动升降折叠功能的护理床，让患者可以轻松坐卧；利用电动移位机，让患者自由移动等。

走访了很多患者家庭，他们反映日常生活中最大的困难是如厕和洗浴。在住宅结构满足的前提下，进行预装天花吊轨，后期使用天花轨道移位器，可以轻松克服这一困难。

W 先生虽然年龄还不到 60 岁，但由于突发脑卒中，身体半失能已经好几年了，日常护理全依赖于老伴，个中辛苦自不必说。这次住房回迁选择了相邻的两套，一套儿子一家居住，一套老两口单独住。在房屋的装修中，充分考虑到失能患者的需求，融入了许多设计细节，并预设今后一二十年的居住需求，最终打造出令人满意的效果。

房屋信息

房屋地址：山东，济南

房屋状况：二手房

房屋结构：框架结构

建筑面积：95m²

改造前房屋格局：两室两厅

改造后房屋格局：两室两厅

屋主年龄：59 岁

户型缺点

1 两梯四户，房屋位置为中间朝南户，餐厅的光线不佳，空间也较狭小。

2 卫生间面积 4.3 ㎡，同时需要容纳马桶、洗手盆、浴房，空间很局促。

**改造前
平面示意图**

改造后
平面示意图

衣柜

地台床

壁橱

展示柜

卡座

10mm 塑胶地板

鞋凳

玄关柜

冰箱

门联窗

坐式淋浴器

天花滑轨

入墙式推拉门

电动护理床

折叠门

书桌

阳台柜

衣柜（展示柜）

助行器

洗衣台

书房
（次卧）

餐厅

玄关

厨房

卫生间

浴房

主卧

客厅

康复区

改造
细节

1 通过移动厨房隔墙，加大玄关横向宽度，改动卫生间门洞位置，移动卫生间隔墙，加大玄关的纵向深度，玄关空间得以扩充后，迎着入户门设置了玄关柜，解决了出入时鞋帽和衣物的收纳需求。

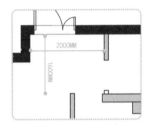
改造前的玄关区域

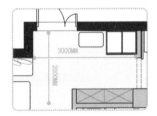
改造后的玄关区域

2 餐厅隔壁是一间次卧，对于日常只有夫妇两人居住的家庭，保留一间使用频率很低的专用次卧，似乎太过浪费，所以在改造中将次卧与餐厅之间的隔墙向后位移，压缩了次卧的面积，从而扩大了餐厅的空间。

为了增加餐厅的采光度，特地扩大了次卧的门洞宽度，将原来 85cm×205cm 的门洞扩大为 210cm×240cm，安装了两组折叠木框玻璃门。白天折叠门完全收起，这样一来，室外的自然光线通过次卧，毫无保留地倾泻到餐厅，使采光得到大幅改善，即使有人居住，也只会在晚上展开折叠门，不会影响白天的餐厅采光。

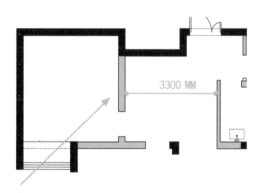

改造前的次卧、餐厅区域

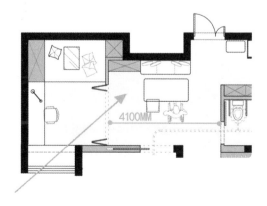

改造后的书房（次卧）、餐厅区域

3 餐厅采用了"卡座 + 原木长餐桌"的形式，这样设计有两个优点：一是节省就餐面积，让整体空间更宽敞，餐桌椅在此不觉突兀；二是屋主乘坐轮椅也能方便就餐。在卡座的西侧贴墙设计了一组玻璃柜，可以收纳餐具、酒具，也起到美化空间的作用。

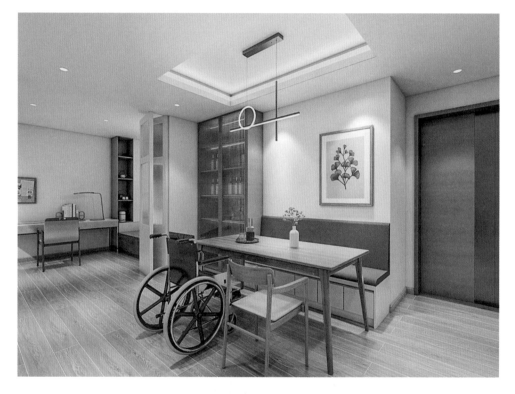

4 餐厅西邻的次卧定位为书房，在里面安置了衣柜、书架、地台床、书桌。这个空间既可以作为书房、茶室、临时客房，以后也可以作为护工的卧室，随着夫妇两人年龄越来越大，照顾老伴儿会越来越力不从心，到了一定的阶段需要护工的协助。

5 主卧室是我们设计的重点，由于男屋主身体半失能行动不便，所以特意安置了专用的电动折叠护理床。这种床可以根据使用者的要求进行自由调节，躺面可以 90 度旋转折叠，让患者更容易起床或乘坐轮椅，在床上吃饭或喝水时，可以将上半身抬高，为防止长时间卧床导致腿部水肿，可以将腿部位置抬高。

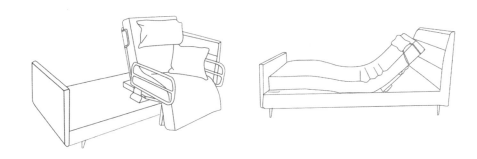

6 失能人员居家生活最大的困难是如厕和洗浴，现在患者处于半失能状态，而老伴的身体尚好，照顾患者还相对轻松，但随着两人的年龄越来越大，身体机能越来越衰退，日常的如厕和洗浴也会成为大麻烦。为了保障以后的生活质量，在这次装修中，特意安装了天花滑轨系统，滑轨通过镀锌钢管焊接悬挂在天花楼板上，再在天花滑轨上安装电动移位器，当患者需要时，利用垂下的吊带将患者轻松送至卫生间或浴房。

7 主卧与浴房距离较远,天花滑轨需要穿过不同的房间,具体设计及施工存在困难。为了使移位器顺滑,在卧室及卫生间都安装了及顶滑动门。这样既保障了机器的使用,又可以正常开关房门。

扩大卧室门洞,由原来的 90cm×210cm 调整为 120cm×250cm,采用入墙式滑动门,这样的调整,既可以改善餐厅的通透性,又可以让轮椅更轻松地出入卧室。

8 卫生间是适老化设计的重点,原有空间比较局促,无法满足主人日常的如厕、洗浴,我们将空间重新梳理,只保留了马桶和盥洗盆,而将浴房改到了厨房与卫生间共享的采光阳台上,这样卫生间就宽敞了许多。盥洗盆采用了下部悬空的样式,即使坐在轮椅上也能轻松接近台面。马桶两侧都安装了扶手,方便老年人使用,马桶上方还特意安装了一组电热毛巾架,家中一年四季都能使用上干爽的毛巾,给家人带来幸福感。

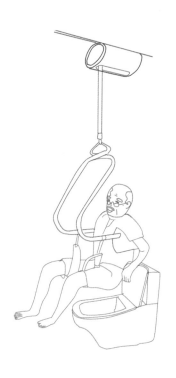

⑨将共享采光阳台改造为独立的浴房，利用天花滑轨将此空间与主卧进行连接，失能患者可以利用天花位移器设施，轻松往返于主卧、卫生间、浴房，使得如厕、洗浴不再是生活中的大难题，也降低了护理人员的劳动强度。

　　在浴房中，特意安装了坐式恒温淋浴器，这种设备具可自主调节的喷淋臂，坐在座椅上进行水雾包裹式洗浴，非常舒适，也十分省力，消除老年人洗澡容易滑倒的隐患。

10 厨房的通风采光依赖于相邻的小阳台完成，由于小阳台改造成了独立浴房，所以在浴房与厨房之间安装了通透性好的门联窗构件。使用浴房时，将两空间的门扇关闭，拉下防水百叶帘，而在日常生活中，光线则可畅通无阻地通过浴房进入厨房。

浴房与卫生间之间依靠折叠门进行闭合，既可以保障如厕时的隐私，又可保障厨房的卫生。家中的双开门冰箱被安置到了厨房外的玄关角落，以免挤占厨房空间，影响厨房使用的舒适性。

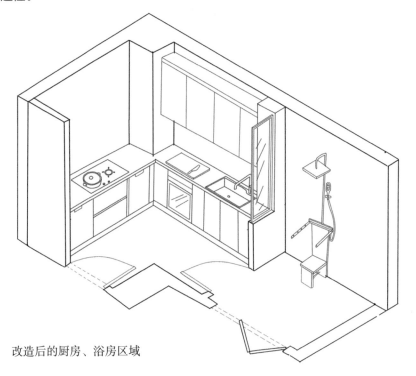

改造后的厨房、浴房区域

11 由于主卧摆放了两张床，考虑到空间拥挤，所以没有安置衣柜，而是在客厅北侧设计了一组衣柜。考虑到视觉效果及实际需求，还特意设计了一组开敞式的展示柜，用来陈设艺术品，提升空间的艺术氛围。

12 在客厅沙发的选择上，考虑到家庭人口较少，所以只摆放了一组小三人沙发，以便让空间尽可能地宽松，这也是住宅设计中要特别注意的细节。针对紧凑型住宅，家具尽量摆放小尺寸的，以免挤占空间，给人压迫感。

13 在南阳台的两端，分别安置了洗衣盆、洗衣机及阳台柜，满足家庭日常的洗衣晾晒功能。阳台还是病人的锻炼康复区，天气晴朗的日子，病人可以在此扶着扶手，做康复锻炼。

14 灯光设计也做了专业考虑，为保证天花吊装滑轨的美观，将主卧、餐厅整体进行了吊平顶。为了避免空间压抑，考虑到老年人的视觉特点，所用筒灯灯光都为防眩式，在餐桌的上方还特意设计出一个反光灯池，柔和而明亮的灯光既满足了照明需求，也使空间视觉变得丰富。在主卧的床头背景墙上部，也采用了反光暗灯槽。

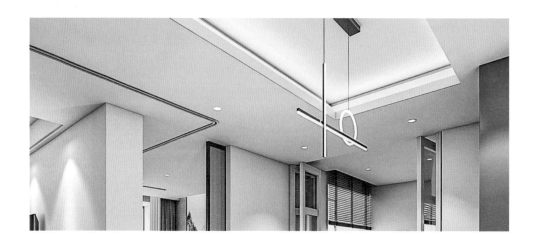

本案例适老化设计考虑点

视觉考虑

①扩大玄关面积，增加收纳容量，消除空间的逼仄感。

②优化餐厅与书房格局，使空间张弛有度。

③扩大书房门洞，采用玻璃折叠门，增强餐区的光照度。

④主卧与餐区采用反光灯槽设计，利用漫反射让室内光线明亮、柔和。

触觉考虑

①地面用材采用10mm厚的塑胶地板，它的耐磨、防滑、回弹性能远优于传统木地板，更适合使用轮椅的家庭。

②新风、地暖、中央空调的使用，使室内环境更有利于病人的康复。

无障碍考虑

①扩宽门洞，出入更便捷。

②独立马桶间、浴房，空间更宽敞。

③预装天花滑轨移位器，连接主卧、卫生间、浴房，减轻护理人员的劳动强度。

④使用电动护理床，让病人能轻松起身。

⑤马桶加装扶手。

⑥盥洗柜下部内凹，便于轮椅使用者的腿膝移入。

⑦阳台设置康复区。

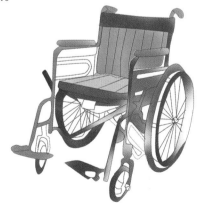

7

关注精神领域

电脑由硬件和软件构成，二者缺一不可才能正常运转。对人来说，
生命也是由硬件与软件构成的，肉体就是硬件，而精神就是软件。
肉体健康加上精神健康，才是真正的健康生命。

电脑由硬件和软件构成，二者缺一不可才能正常运转。对人来说，生命也是由硬件与软件构成的，肉体就是硬件，而精神就是软件。肉体健康加上精神健康，才是真正的健康生命。

随着年龄增长，身体机能下降，收入水平降低，老年人往往会出现各种消极的心理现象，如易怒、抑郁、恐惧、焦虑等，还有很多老年人需要照看孙辈，或出于其他原因需要轮流寄居在子女家中，不停地适应新环境，也会增加心理上的不安全感，所以民间有俗语说"金窝银窝不如自己的狗窝"。

我们在打造适老化住宅时，不能单纯地只从硬件方面考虑，还要加强精神方面的人文关怀，考虑情感上的愉悦。如通过格局改造让长辈拥有属于自己的私人空间；在室内色彩上，多选择一些长辈熟悉的色彩进行搭配；在物件陈设上，搭配些老物件、老照片，通过各种设计手段，让长辈获得更多的安全感、归属感，得到更多的心理慰藉。

在这个改造案例中，姥姥一直跟随着女儿一家生活，已经上小学三年级的小外孙就是由她带大的。由于是两居室住宅，这几年姥姥一直和小外孙挤在一个房间，现在女儿又要生二宝了，到时还要和两个孩子挤在一起，连一个私人空间都没有，试问老年人的晚年生活怎么会过得开心呢？

房屋信息

房屋地址：河北，张家口

房屋状况：二手房

房屋结构：框架结构

建筑面积：83m²

改造前房屋格局：两室两厅

改造后房屋格局：三室一厅

屋主年龄：姥姥 60 岁，女儿、
女婿 33 岁，外孙 8 岁

户型缺点

1 紧凑型的两居室，几乎没有多余的空间来分隔出第三间卧房。

2 卫生间狭小，内部还有两根独立、突兀的下水管道。

3 大部分隔墙都为承重墙，空间改动困难。

改造前
平面示意图

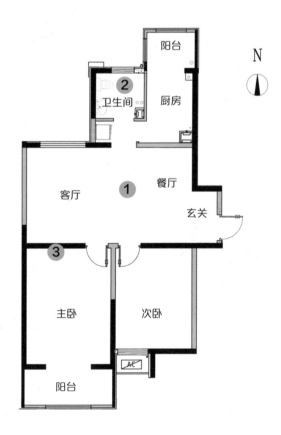

改造后
平面示意图

N

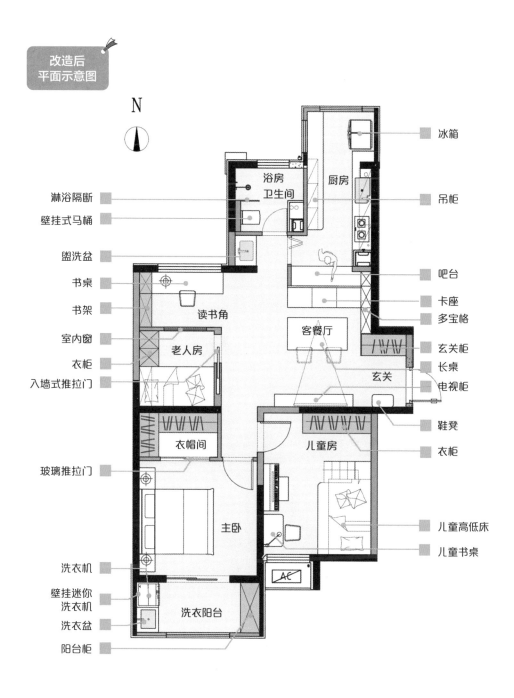

冰箱

淋浴隔断
壁挂式马桶

盥洗盆
书桌
书架
室内窗
衣柜
入墙式推拉门

浴房
卫生间

厨房

吊柜

吧台
卡座
多宝格

读书角

老人房

客餐厅

玄关柜
长桌
电视柜

玄关

鞋凳

衣帽间

儿童房

衣柜

玻璃推拉门

主卧

儿童高低床
儿童书桌

洗衣机
壁挂迷你
洗衣机
洗衣盆
阳台柜

洗衣阳台

改造
细节

　　辛苦把女儿养大，又要继续为孙辈操劳，大外孙读小学后，刚刚喘口气，现在又要准备再帮女儿抚养小外孙，这就是典型的中国式父母。长辈为子女操劳一生，让其晚年过得更幸福是晚辈们的职责所在。

　　孝敬老年人不是简单的吃好喝好，在精神层面也要加强关怀和尊重，让老年人拥有独立的私人空间，才会产生最基本的安全感、归属感。

　　将两居室分隔为三居室，从施工角度上来说并不难，但让新分隔的房间拥有良好的通透性，并且不能影响原格局的舒适性，就需要仔细斟酌了。

1　　打破常规，家中不再分设客厅与餐厅两个独立的空间，客餐厅合二为一，空间利用最大化。家中也不再摆放传统的沙发、茶几等家具，而是利用长条卡座配合长桌，将起居、会客、就餐、围坐、家庭读书等所有需求都囊括其中，这样的组合形式其实更适应现代家庭的生活习惯，也可以将空间利用最大化，同时改动原次卧门洞位置，使客厅电视墙更加完整。

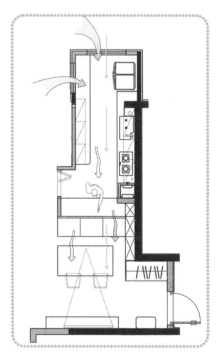

改造后的厨房、客餐厅区域

2 为了增强室内的采光及通风效果，将厨房与客厅之间的隔墙打通，设计成吧台，这种半隔断的形式，既让空间的通透性得到改善，又使厨房和客餐厅形成了一个大开间，大人在做饭的同时，可以随时关注在客厅玩耍的儿童，增强亲子的互动性。

3 为了充分利用厨房空间，操作台设计为 H 形，东侧操作台的宽度设置为 55cm，西侧操作台宽度设置为 40cm，这样设计的目的是保持两个操作台之间的距离不低于 90cm，在厨房劳作时更有回旋余地。西侧上方的吊柜为半开放式，日常使用更方便。

除此之外，还特意在厨房顶部安装了凉霸，即使炎炎夏日在燃气灶前忙碌，也能感受到丝丝凉意。

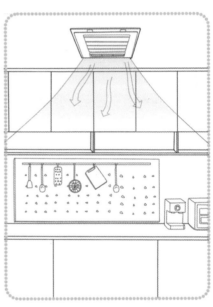

4 入户后的侧墙宽度只有 98cm，空间稍窄，将玄关柜的宽度增加至 128cm，更便于收纳外套与鞋帽。这样客厅侧墙便出现了一个进深 30cm 的凹洞，利用此空间设计了一个多宝格，来收纳艺术品，人们坐在卡座上也能很方便地观赏、把玩，增加了空间的艺术氛围和生活情趣。

5 原客厅空间分隔出一间独立的卧室，姥姥也终于有了自己的私人空间。房间采用了入墙式的推拉门，开合方便不占空间。房间里设计了 1.2m×2.1m 规格的单人床，还安装了衣柜与吊柜，为了增强卧室的通透性，特意在北侧设计了室内窗，可以将室外的光线引入卧室，晚上休息时降下卷帘，保障其私密性。

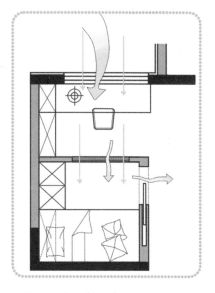

改造后的老人房区域

6 虽然新隔出来的卧室空间不大，但每个细节都做了充分考虑。在衣柜的中部进行内凹处理，可以在此摆放水杯、收音机等物件，代替床头柜的功能。

床尾墙上安装了电视机，可以观看自己喜欢的电视节目。很多老年人都有看电视的习惯，但在多代同堂的家庭中往往得不到满足，或者优先让孙辈看少儿节目，或担心影响子女休息、工作，在其独立的私人空间里安装上电视机，就能解决这一难题了。

在电视机的下方安装了隔板，可以摆放些特殊意义的老照片和纪念品，更能慰藉老年人的情感。

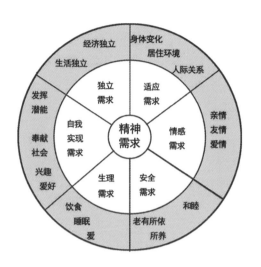

7 在新隔的老人房北侧，还有一块空间，将其设计为家庭的读书角。沿窗前摆放了一张长书桌，侧墙设计了开放式的书架，家人可以在此看书、上网，或偶尔在这里加班。

这个区域不但自身光线充足，还能让室外光线毫无遮挡地照进后边的小卧室，内凹型的格局让人感觉更安全、更惬意。

8 卫生间进行了格局调整，把盥洗盆移出卫生间，形成干湿分离的格局。马桶采用了壁挂式，位置进行了位移，给卫生间里腾挪出较为完整的浴房。

卫生间里有两根独立的下水管道，在对其包裹砌筑时顺道打造出一个壁龛，解决了日常化妆品摆放的问题。

　　⑨原来的马桶采用的是传统安装，直接落地用法兰圈将排污口密封，再在接缝处打白色密封胶。这种安装方式会产生卫生死角，后期清洁很费事，时间一长密封胶就会发霉。

　　传统的盥洗盆大多采用地排水，施工相对简单，但裸露的管道占用地方不说，还存在卫生死角，加上卫生间本来就潮湿，通风不到位很容易发霉、返味、生锈。

　　在此次设计中，将马桶及盥洗盆的安装方式都改为悬挂墙排，这种悬挑于地面之上的形式，彻底消灭了卫生死角，也能减少水气入侵。

　　盥洗盆水龙头也采用了入墙式的安装方式，洗面盆和水龙头的交接处，通常是水锈产生和细菌滋生最多的地方，这种安装方式就不必为清洁而烦忧了。采用这种安装方式，主要目的就是降低日常生活中姥姥的卫生清洁劳动强度，让她有更多的时间做自己喜欢的事情。

壁挂式马桶

砌筑假墙，让水箱镶嵌在墙内，马桶悬挂在墙上不接地，这样一来，后期卫生更容易清洁，样式也比较新颖美观，让整体空间更有设计感。水箱入墙，有了墙体的阻隔，冲水时的噪声较小。

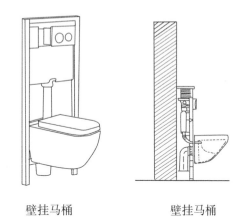

壁挂马桶　　　　　壁挂马桶

盥洗盆墙排下水

盥洗盆排水分为地排与墙排两种模式。地排就是排水管直接联通地下排污管，利用竖管将污水迅速排出；墙排就是将排水管藏在墙体里面，与排污管道连接，使污水从墙上直接排走，墙排模式的优点是美观、节约空间、有利于后期卫生清洁、排水噪声小。

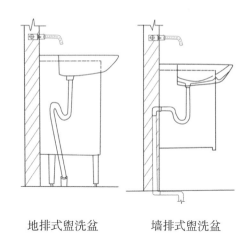

地排式盥洗盆　　　　墙排式盥洗盆

入墙式水龙头

把水管埋在墙里，在墙上通过入墙水龙头直接把水引至位于下方的洗面盆中，水龙头是独立的，洗面盆也是独立的。这种方式的优点是节约空间，没有卫生死角，便于清洁，"颜值"高。

10 主卧门洞向后位移，腾挪出一部分空间，用作两间卧室共用的走廊。主卧室因此形成了一部分内凹空间，我们对其进行充分利用，改造为步入式衣帽间，以提升家庭的收纳能力，毕竟对一个即将拥有两孩的家庭来说，有太多的物品需要收纳。

南侧阳台定位为洗衣阳台。其中安放了洗衣机、洗衣盆、吊柜、阳台柜，还特意安装了一个 3kg 的壁挂迷你洗衣机，用来洗涤二胎宝宝的衣物。

11 次卧设计为儿童房，房中安置了双层儿童床、儿童书桌、儿童帐篷，连未出生的二宝所需的一切，长辈们也已经为其准备好了。

本案例适老化设计考虑点

心理安全需求

①调整住宅格局，让姥姥拥有自己独立的私人空间，让其产生安全感、归属感。

生活舒适性考虑

①姥姥房间面积虽小，但规划紧凑，设计了衣柜、吊柜，用来收纳衣物，还特意在衣柜上做出凹洞，用来摆放水杯、眼镜、收音机等物品，室内窗的设计也让房间拥有良好的通透性，提升了居住的舒适性。

②卫生间采用壁挂式马桶、墙排式盥洗盆、入墙式水龙头，这些设计可以让日常清洁工作变得更轻松。

③生活阳台安装壁挂迷你洗衣机，用来清洗婴儿衣物，让伺候女儿月子的姥姥不用太劳累。厨房里安装了凉霸，即使在炎热的盛夏也能体验清凉感。

情感慰藉需求

①在姥姥房里安装电视机，满足老年人的业余爱好，摆放对姥姥有特殊意义的照片、挂饰。

②让长辈生活得有安全感、归属感，他们才会感到顺心、舒心。

案例

8

遵循安全、便利、舒适的
设计原则

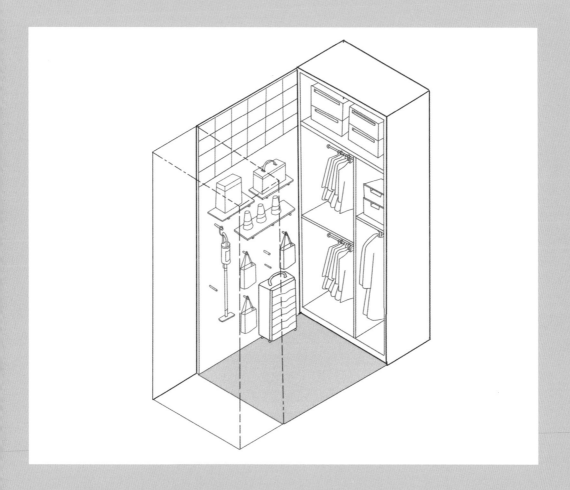

从"初老"至"中老"，再到"老老"，在生命的长河中，安全、便利、舒适的三大原则，是我们对居住环境的基本要求。

　　从"初老"至"中老"，再到"老老"，在生命的长河中，安全、便利、舒适的三大原则，是我们对居住环境的基本要求。

　　安全是设计中最基本的保障，包括防撞、防滑、防跌、防火、防气、防身体突发状况等各方面。由于老年人肢体灵活度降低，骨骼韧性下降，易发生跌倒现象，一旦卧床不起，又会引起肌肉退化、褥疮、肺部感染等一系列并发症。可以说，老年人经不起摔跤，防止老年人摔倒，是我们关注的安全重点。

　　便利性是保障安全性之后的设计目标，也是设计人性化的重要体现。在具体设计细节上，重点打造流畅的动线、充足的收纳设置、弹性分隔的布局，增设恰到好处的辅助物品，都能增加空间的便利性。

　　舒适性是空间设计追求的目标之一，保持适宜的温度、湿度、良好的隔音、充足的采光、空气流通、温馨大方的色彩搭配，都是保障家居舒适的重要指标。该项目是为两位年逾八旬的老夫妇打造的住宅，设计中的点滴细节，都是围绕上述三大原则而展开，在确保安全的前提下，再达到便利、舒适，一切的努力，都是为了给两位老年人打造出能安度晚年的美宅。

房屋信息

房屋地址：浙江，金华

房屋状况：新房

房屋结构：框架结构

建筑面积：87m²

改造前房屋格局：两室两厅

改造后房屋格局：两室两厅

屋主年龄：77 岁

户型缺点

1 开发商赠送了一个大的阳台，给整体房屋增色不少，美中不足的是两根地梁，将阳台分隔为三部分。

2 卫生间狭小且没有外窗。

3 厨房狭长。

4 入户冲着一个大柱垛。

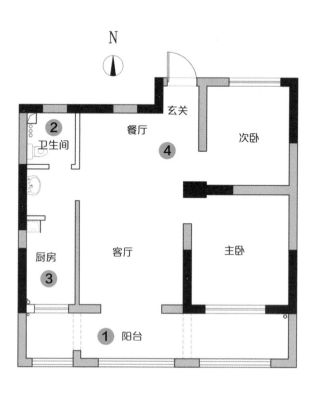

改造前平面示意图

改造后
平面示意图

N

开门浴缸
玻璃砖墙
条形地漏

折叠门
洞洞板墙
圆形餐桌
倒角鞋柜
弧形墙

衣柜
书架
衣柜

书桌

浴房
收纳间
玄关

书房（客房）

卫生间

餐厅

客厅

主卧

厨房

开放式观景阳台
洗衣阳台

玻璃折叠门
玻璃隔墙
观景窗
水槽
灶台

洗衣机
书桌
观景窗
花池

改造
细节

　　提及适老化改造，大家的第一反应就是要安装扶手、找平地面，这些措施是安全改造的一部分，但并不是全部，除此之外，还有很多的工作要做，在这次的适老化改造中，我们就展示了更详细的改造细节。

　　由于成长经历和生活习惯，老人家中需要收纳的物品很多，除了衣帽、被褥以外，还有很多年轻家庭没有的东西。比如，康复类物品、养生食品、护理物品、锻炼器具等。如果没有充足的收纳空间，就容易堆积在家中的每个角落，所以改造时特意在餐厅的北侧打造出了一间独立的收纳间。

　　收纳间尺寸为220cm×110cm，两侧设计了进深为50cm的收纳柜，用来收纳衣服、被褥等大件物品，北侧打造成洞洞板墙，这样可以更加灵活地安置小件物品。除此之外，家中的其他大件物品，如行李箱、吸尘器、熨烫机等，不方便放在卧室里的日用品，都可以一股脑儿收纳在这个空间。

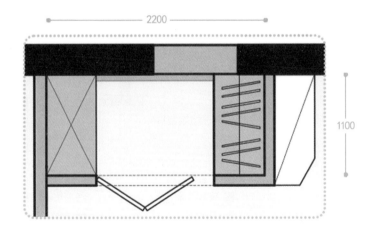

改造后的收纳间区域

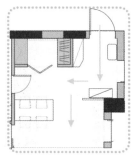

改造前的餐厅动线

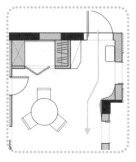

改造后的餐厅动线

2 打开入户门，迎面对着一个大承重柱垛，视觉上让人感觉不舒服，对于两个高龄的老年人来说，也存在着安全隐患。按照传统设计，可能会在此处安装屏风，既遮挡视线，又增加空间的层次感和仪式感，但是老年人的住宅应该让空间尽可能地开敞、通透，所以我们利用弧形造型对此棱角进行了修饰，使其圆润、流畅，既美化了视觉，又保障了日常行动的安全性。在入户后的鞋柜设计上，也特意做了倒角处理，以免产生安全隐患。

3 主卧面积较小，也缺少安置大衣柜的空间，将其与隔壁书房的部分隔墙拆除，利用原墙体厚度及部分书房的空间，给主卧规划出了大衣柜，并让这个衣柜与书房的书柜和衣柜有机融合，而不显得突兀。

开发商赠送的阳台有两根地梁将空间分隔为三块，无法统一利用，于是将与主卧相邻的部分并入主卧，拆除隔墙及窗户，这样一来，主卧空间就宽敞了不少。

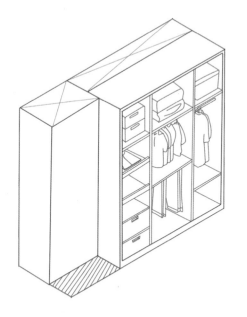

4 是否将部分开敞阳台封窗并入客厅是我们在改造过程中反复斟酌的细节。两空间并为一体，确实会增大客厅空间，但同时也会失去这一重要的灰空间（灰空间是封闭空间与开放空间的中介，也是内容空间与功能空间之间的过渡空间。由于它的存在，冲破了封闭空间的制约而争取与户外空间取得联系，从而使主体与客体情景交融）。

权衡利弊之后，我们决定保留阳台的开敞性，将其打造成家庭的户外花园。原有的铁栏杆改为夹胶玻璃护栏，让视线更通透，同时为了增加安全感，在护栏前方垒砌出长条花池，绿植阳台与客厅之间用四扇折叠门分隔开来。天气好时，折叠门能完全收起，两个空间合二为一，坐在客厅沙发上向外望去，满目翠绿。即使天气不佳，关闭折叠门也能透过玻璃，将阳台景色尽收眼底。

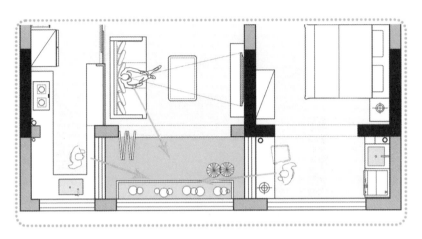

改造后的阳台区域

5 开放式观景阳台不仅成了客厅的视线焦点，也是主卧与厨房的视觉焦点。在主卧的书桌前看书，透过窗子也能看见阳台的风景，在厨房的水槽前忙碌时，抬头看出去，疲劳感一扫而空，想不到这个小小的阳台，也能成为整个住宅的视觉核心。

6 客厅的家具选择也是颇费了一番心思，餐桌选择了美观又安全的实木圆餐桌，直径为 1100 mm，对于两口之家来说很适合；沙发选择了布艺三人款，较硬的座面与高扶手更有利于老年人的起坐；茶几选择了圆角样式，人在来回走动时，不易产生磕碰。

7 将厨房与部分阳台合二为一，扩大了使用面积，但这样导致厨房更为狭长，人在其中劳作会感觉压抑。将厨房与客厅区的隔墙拆除，利用金属型材玻璃隔断作为客厅与厨房的分隔墙，破除了厨房的狭长感，也让整个客厅与厨房空间通透起来。

人在厨房里劳作，既可以随时与客厅中的老伴进行语言、视觉的沟通，还可以一边做饭，一边看电视。

8 原卫生间的格局设计造成浪费，导致马桶区与洗浴区过小，空间里也没有自然光的引入，采光不佳，这家老人喜欢泡澡，但现有空间无法安放浴缸。因此，

将格局重新整合，尽量让空间显得宽敞，并在其中安装了一个步入式浴缸。浴缸采用内开门形式，老人在泡澡时，不用再在湿滑的环境下迈腿出入，消除了安全隐患。在浴缸后面，还特意设计了一个储物壁龛，用来摆放洗护用品，可以存放浴巾，使用起来很便捷。

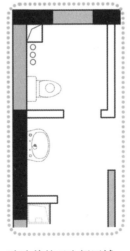

改造前的卫生间区域

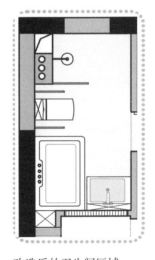

改造后的卫生间区域

9 要说家中哪个区域最危险，非卫生间莫属。老年人在家中滑倒、摔跤，大部分都是在卫生间里发生的。对此，我们做了以下改造措施：

①选择防滑性能高的马赛克地砖，提高防滑系数。

②在最容易积水的浴缸旁边及淋浴区铺设防滑地垫。

③保持地面一定的斜度，加速排水，防止积水。

④在淋浴区、马桶区、浴缸区都安装安全扶手。

⑤利用长条地漏，取消淋浴区的挡水条，让地面保持平整。

⑥选用了内开门步入式无障碍浴缸。

⑦为了改善卫生间的采光，其与厨房之间的部分隔墙采用了玻璃砖材质，这样可将厨房的自然光线引入，白天使用卫生间时，可以不用人工照明。

10 将次卧改造为书房，由于主卧室的大衣柜借用了书房的部分空间，所以就在衣柜的背面设计了较薄的书柜，旁边较深的内凹空间顺势安置了一组衣柜。解决了书房的储物需求。

书桌总长度为280cm，其中一部分横跨至地台床上方，这样的设计，既可以坐在椅子上正常使用，又可以摆放物品，还可以盘坐在床上借用此书桌看书，非常的实用。

本案例适老化设计考虑点

安全性

①客餐厅、卧室地面铺设防滑且有弹性的塑胶地板，防止老年人摔倒受伤。

②卫生间铺设防滑马赛克地砖，并在浴缸前及淋浴区铺设防滑地垫，防止地面积水，致人滑倒。

③利用地面预留坡度、长条地漏等措施，消除地面高低差。

④关键位置都安装安全扶手，以便于抓扶。

⑤墙壁柱垛增加圆弧，家具也尽量采用弧角设计，避免老年人意外磕碰。

⑥客厅、卧室安装烟感报警器，厨房安装煤气报警器，一旦有火灾及煤气泄漏等事故，能及时报警。

⑦床头处、卫生间马桶附近都安装紧急呼叫器，一旦身体不适，可以及时向外发出救援信息。

便利性

①增设家庭收纳间，用于收纳家中的大件物品或杂物，采用折叠门，更加实用。

②通过拆除隔墙，让卧室也能安装大储量的衣柜。

③扩大卫生间面积，改善其采光，避免白天使用也要借助人工照明。

④添加步入式浴缸，避免危险。

⑤厨房与客厅之间的隔断改为玻璃隔墙，消除闭塞感。

⑥ 部分阳台并入主卧、厨房，改善了空间狭小的问题。

舒适性

①家中保留开放式观景阳台，无论在主卧还是客厅或厨房,抬头都能欣赏到满眼绿意,既提升了生活的乐趣，又能随时拥有好心情。

②无主灯照明方式、高显色暖白光防眩晕的灯具，让光线既明亮又柔和，家中充满了暖意和温情。

③ 无障碍步入式的浴缸安全又好用，整个人泡进舒适的大浴缸里，享受着难得的身心放松。

以涉水区域为家庭的
规划核心

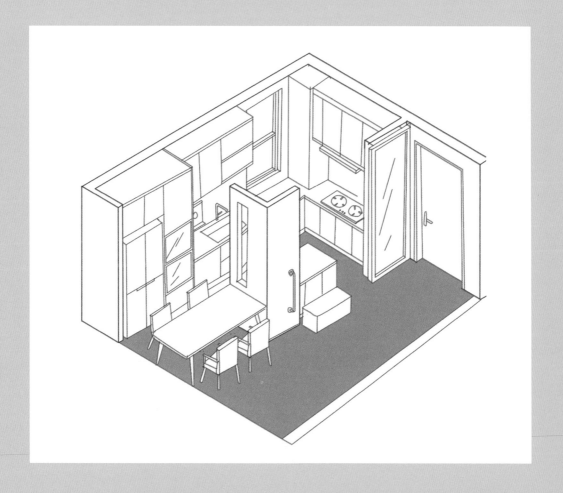

高龄长者的居家危险事故大多发生在涉水的区域，在适老化住宅设计上，要将涉水区域作为家庭核心区进行重点规划。

　　我们都离不开一日三餐，洗、择、淘、烹、涮已经成为我们生活中的一部分；同样的，我们也离不开卫生空间，如厕、洗浴、盥洗、清洁更是每天都要进行的活动，所以厨房、卫生间是居家的重要战场，也是人间烟火的发生地。

　　这些活动，对于身体健康的年轻人来说可轻松驾驭，但对于高龄老人这个群体来说，就有些困难了。这也造成了老年人如厕难、洗浴难、盥洗难、做饭难、洗衣晾晒难等问题。

　　这些活动场所都是涉水区域，所有活动都围绕着"水"这一核心而展开，高龄老人居家危险事故也大多发生在这些区域，洗澡容易滑倒摔伤、如厕时起身困难、清理污渍不方便、厨房烧水煮饭忘关火等。走访有失能老人的家庭，大家反映日常最头疼的就是如厕和洗浴，不但容易对老年人造成生理、心理上的痛苦，也会加大身边陪护人员的负担。这就要求我们在适老化住宅设计中，将涉水区域作为家庭的核心区，围绕着厨房、卫生间、洗衣房等空间展开规划，减少介护人员的劳动强度，提升长者的用水安全，真正做到适老化。

　　林先生与太太均为 59 岁，接近退休年龄，唯一的孩子已长大并组建了自己的小家庭，搬出去居住了。林先生还有一个 80 岁的老母亲，虽然身子骨很硬朗，但毕竟年事已高，所以林先生夫妇与老母亲同住，便于照料。在这个三口之家的住宅装修中，以涉水区域为重点，对空间、动线、设施进行整合，打造出安全的适老化住宅。

房屋信息

房屋地址：广东，广州

房屋状况：新房

房屋结构：框架结构

建筑面积：101m²

改造前房屋格局：三室两厅

改造后房屋格局：三室两厅

屋主年龄：委托人夫妇均为59
岁，母亲80岁

户型缺点

1 厨房狭小，操作空间不足，冰箱也无处安放。

2 进出厨房动线过长，不顺畅。

3 几个卧室的收纳空间不足。

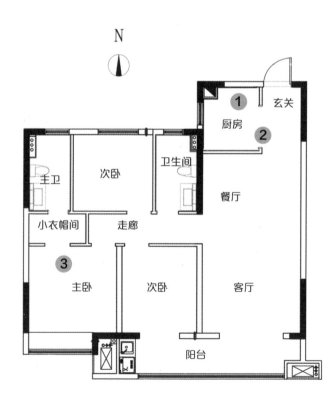

改造后
平面示意图

N

嵌入式洗碗机
蒸箱、烤箱
实木餐桌
中岛
换鞋凳
联动推拉门

壁挂马桶
条形地漏

书桌
无轨道悬浮门
衣柜
开门浴缸

玄关柜

玄关

厨房

主卫

老人房

卫生间

餐厅

走廊

主卧

客厅

茶室

洗衣阳台

美式提拉窗
盥洗台
入墙推拉门
榻榻米
书桌
洗衣区

阳台柜

书桌
衣柜

改造
——
细节

　　适老化改造是根据使用者日常生活的行动轨迹，对厨房、卫生间、洗衣阳台等空间进行重新梳理，以涉水区域为改造重点，优化布局、组织动线、注重细节，全面提升居住体验。

　　厨房是家中重要的涉水区，由于现有厨房区域面积先天不足，我们将厨房的外围隔墙打掉，让厨房与玄关过道区及餐厅区进行互通，模糊不同功能区的分界线，对空间重新整合，让其得到延伸。在厨具与玄关柜体的选材上，统一色调，让视觉效果更协调。

2现代家庭中，有很多人选择开放式厨房，这种格局因通透、灵活而得到大家的青睐，但完全开敞式的厨房也存在很多问题。一是很多地方的煤气公司明确要求，厨房必须安装门扇与其他空间进行隔离，方可开通天然气；二是如果烹制重油烟的菜肴，油烟难免外溢；三是有些老年人由于生活习惯，还是喜欢厨房安装有门扇。本项目改造中，在厨房设置了两组能完全收起的联动推拉门，平时不需要封闭时，两组门分别收缩在隔墙后，一旦需要可以随时拉出来，这种可开可合的设置，将两种类型的厨房融为一体，使用起来灵活又方便。

3 厨房空间向餐区部分外扩，操作区设为"L形操作台 + 独立中岛"的格局，这种布局让烹饪过程流畅、连贯又高效。

在细节处理上，也充分考虑了适老化元素。吊柜里安装了液压升降拉篮，拿放物品再也不用踩着凳子爬上爬下；在吊柜底部安装了LED感应灯条，自动感应开启，增加操作台的亮度，收拾菜品更清楚；厨房墙面上安装了壁挂式轨道插座，满足多电器同时使用的需求；在厨房中，还镶嵌了多种厨电设备，如蒸箱、烤箱、洗碗机、垃圾粉碎机，进一步降低了家务劳动强度；水槽下安装了净水设备，在台面上的墙壁上连接了一台壁挂管线饮水机，让家人饮水更方便。

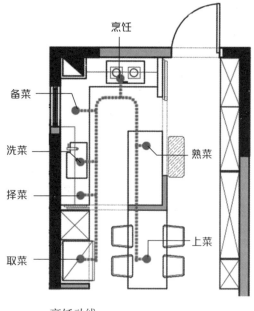

烹饪动线

4 为解放厨房空间，冰箱与厨柜都安置在了餐厅西侧。餐区与厨房之间的隔断墙上特意设计了一个竖条形的镂空窗，两个区域可以相互交融，让气氛变得生动起来。餐椅特意选择了实木带扶手的样式，让老年人有受力点，起坐也方便。

入户玄关区沿墙设计了底部悬空的衣柜与鞋柜，用以收纳出入时的衣物及鞋子；在餐厅东侧设计了备餐柜，用来摆放餐具及小厨电；鞋柜对面紧贴着中岛放置了一个换鞋凳，侧墙面上安装了抓握扶手，方便老年人出入时换鞋使用。

5 阳台空间分为两部分，一部分保留原功能是作为洗衣区，另一部分并入客厅，显得客厅更宽敞；吊顶为无主灯设计，光线柔和；沙发也特意选择了高扶手硬座面式样，长者使用起来更舒适；客厅与茶室之间安装了美式提拉窗，使两个空间更通透；家中的公共区域（包括厨房地面）经过水泥自流平后，铺设了石晶地板，这种地板具有耐磨、防滑、静音、缓冲等诸多优点，非常适合铺设在适老化住宅中。

6 因家中常住人口为委托人夫妇与老母亲三人，所以设置了两间卧室。原南向次卧面积经过压缩后作为半开放式茶室，茶室分别在南北两侧都留有门洞，北门采用了隐形无轨道悬浮门，日常悬浮在过道墙壁，南侧采用入墙式隐形推拉门，日常可以完全推入墙体中隐藏。茶室与客厅之间的隔墙上开有窗洞，安装了电动美式上下提拉窗，这样整个茶室就和客厅、阳台、过道完全贯通，也形成了洄游动线。

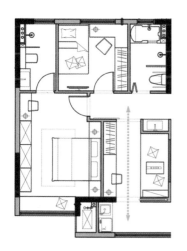 

改造后的茶室区域

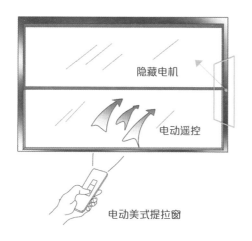

隐藏电机

电动遥控

电动美式提拉窗

7 家人平时可以自由穿越茶室，从卧室过道直接来到阳台洗晒衣物，或坐在榻榻米地台上一边喝茶，一边与客厅或厨房里的家人进行交流。当有客人留宿时，只需关闭南北两侧的门扇，降下推拉窗，垂下窗帘，此区域又可恢复为独立房间。

⑧家中另一个涉水的核心区就是老人房旁边的卫生间，原格局只设计了淋浴区，而没有考虑泡澡，因委托人有浴缸泡澡的需求，所以对此空间进行了大幅度的调整。将盥洗台外迁至过道南侧，形成干湿分离的格局，独立的盥洗区，老年人使用起来也更方便。考虑到日常饮水需要走到厨房，距离有些远，我们在盥洗盆侧壁又设置了一台管线机，加上厨房水槽旁的管线机，这样家中就拥有了两台直饮管线机，无论在卧室还是在客厅以及餐厅，饮水都非常方便。

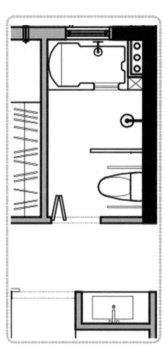

改造后的卫生间区域

⑨卫生间由于外迁了盥洗台，所以空间比较充裕，将马桶位置适当南移，利用腾挪出的空间安装了浴缸。浴缸为无障碍开门式，消除了老年人泡澡需要跨入的安全隐患。淋浴区利用坡度设计长条形地漏，取消了挡水条的设置，保持了地面的平整，消除了老年人被绊倒的隐患。

10 主卧拆除原来的小衣帽间隔墙，并将茶室方向的隔墙向外偏移，使空间变得开阔。床头靠茶室方向摆放，在西侧打造了整面的衣柜，顺便将梳妆台也镶嵌其中，让储物空间扩大很多。

11 主卫马桶改为悬挂式，以便于卫生间地面的清洁。地面材料选用了防滑性能较佳的地砖，老人房旁的卫生间与主卫的淋浴区安装了挡水玻璃隔墙。这样设计的主要目的，是避免让老年人在密闭的空间里洗澡，并在洗澡区安装了安全扶手及紧急呼叫器，预防危险的发生。

12 动线规划如下：

①入户动线。外出采购回家，入户后换下鞋子、外套，直接拐入厨房，整理、洗刷、储存食材，然后穿过餐区，到客厅区休息；客人来访，入户先换鞋、挂外套、放包，然后直接来到客厅沙发休息。

②家务动线。卫生间洗澡→穿越茶室到洗衣区→洗涤、晾晒→茶室收纳→卧室收纳。

③洄游动线。让室内空间变得有趣，老年人在家中活动更便捷。

洗涤动线

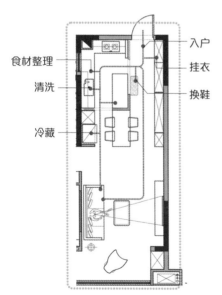

回家动线

洄游动线

13 此次设计中，通过对厨房、卫生间、盥洗区这些涉水核心区的整合改造，让它们适合老年人的生活习惯，使用过程也因此变得安全、高效。点点滴滴的细节考虑，都是为了打造一套高度适老化的住宅。

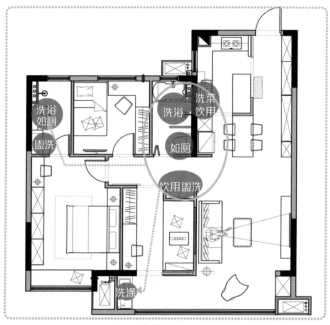

水核心

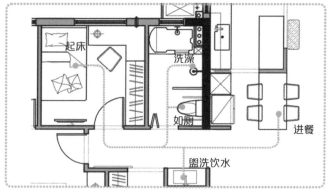

生活动线

本案例适老化设计考虑点

空间处理

①厨房空间、餐厅空间及玄关过道空间一并设计，不再作为一个个独立的区域考虑。

②厨房通过两组联动门，实现空间开合自如的格局。

③茶室两侧都开有门洞，通过安装隐形无轨道悬浮门与入墙式推拉门，让茶室与客厅、走廊、阳台融为一体。

动线规划

①回家动线：入户→挂衣→换鞋→食材整理→清洗→冷藏。

②烹饪动线：从冰箱取食材→择菜→洗菜→备菜→炒菜→熟菜区→餐桌。

③洗涤动线：洗澡→洗涤→晾晒→收纳。

④生活动线：卧室起床→卫生间如厕、洗澡→盥洗区化妆、饮水→餐区就餐。

⑤洄游动线：玄关→厨房→餐厅→玄关。

走廊→茶室→阳台→客厅→走廊。

细节考虑

①玄关处设置换鞋凳及起立扶手。

②厨房设计电动升降储物架、吊柜底部安装感应灯条、墙壁安装轨道插座、嵌入式厨电（洗碗机、蒸箱、烤箱）、壁挂式管线机。

②客厅与茶室之间安装美式上下提拉窗、地面铺设石晶地板、盥洗区加装第二组壁挂管线机。

③卫生间安装安全扶手、紧急呼叫器、开门式浴缸、智能马桶、挡水玻璃隔断。

第3章

精选优材，
　　　　智能助力

第1节　建材选用原则

第2节　适用于住宅中的智能产品

第1节 建材选用原则

从本质上来说,适老化住宅设计是传统设计的升级版,它对所选建材的要求标准更高。

开关、插座

开关、插座是日常生活中使用频率较高的设备,既要好用还要安全。判断其产品性能的优劣,主要从面板、底座、载流件、开关触点这几个方面来评判。

优质的产品面板与底座都是采用 PC 材料,其耐热性、抗冲击性能高;载流件的材质用锡磷青铜,其抗疲劳强度高、弹性强、耐腐蚀、抗氧化,整个金属片无铆钉一体成型;触点为银合金,具有质地耐磨、熔点高、抗氧化、电阻低、导电性能高的优点。在选择此类产品时,应尽量考虑大品牌,其产品质量更有保障。

在进行适老化住宅设计时,开关、插座的选择还要遵循以下几个原则:

1. 选择带有荧光提示或 LED 灯的大板开关

相对于老式的按钮开关或小板开关,大板开关操作起来更方便,有荧光提示或 LED 灯,方便用户在黑暗中寻找开关位置。优先安装单联或双联开关,减少多联开关的使用,如安装的是四联开关,在使用过程中就会增加老年人的选择困难。

2. 选择带标识的开关面板

定制带有标识文字的开关面板，或购买彩色的夜光标识贴纸，贴在面板上，老年人更容易区分不同用途，减少按错频率。

3. 选择智能开关

可以选择多种模式控制灯具开关，配对简单，单控随心变多控。比如，可以将其贴在床头附近，夜间伸手接触，就不用下床开（关）灯了。

4. 选择带有开关控制的插座

在厨房使用电饭煲、微波炉、高压锅、电磁炉等小厨电时，直接通过开关进行控制，避免频繁拔插插头，插座上的开关键也要选择大板。

五金件

在住宅装修工程中，五金配件毫不起眼，往往容易被忽略，但它们的优劣却直接关系到工程质量和后期居住体验，不容小觑。按使用的位置不同，家用五金件可分为家具门窗五金、卫浴五金、厨房五金这几类。

1. 家具门窗五金

主要包括门锁、合页、门吸、拉手、铰链、抽轨等。

①由于老年人的抓握力减退，房间内门应避免采用球形锁，使用执手锁会更方便。

②房间内门选用静音合页，其设计带有阻尼缓冲功能，可自动缓冲、静音关门，还带有快慢缓速自主调节功能，避免了开关门时产生的噪声，保证老年人的休息。

③带有阻尼缓冲的铰链与抽轨，也能让居家生活更便利。

④柜门的拉手也要避免选择纽扣拉手、小圆弧拉手、小内嵌扣手等小拉手，可以选

择极简长拉手、铝封边内嵌拉手、子母拉手等，这些拉手更容易使用。

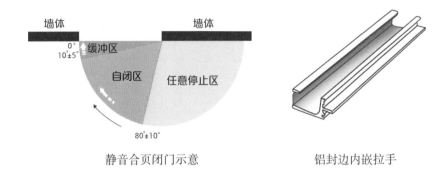

静音合页闭门示意 铝封边内嵌拉手

2. 卫浴五金

主要包括水龙头、混水阀、花洒、地漏、角阀、毛巾杆、浴巾架等。

①老年人抓握力减退，应避免选择旋钮式水龙头，也要避免使用冷热水分开的水龙头，容易因开错而被热水烫伤，安装单柄抬起式混水龙头，使用更方便。

②选择恒温阀混水花洒，保障在洗浴时恒温恒量出水，避免水流忽大忽小、忽冷忽热，对老年人造成伤害。另外，喷淋头能自主调节高度为佳，方便老年人冲洗身体。

③地漏是连接排水管道系统与室内地面的重要接口，它的性能直接影响排水速度和室内空气质量，对异味控制非常重要。一个合格的地漏要能防臭气、防堵塞、防虫、防病毒、防返水、排水迅速。安装了劣质产品，不但会出现返臭现象，造成室内空气污染，还会因排水不畅导致地面积水，增加老年人滑倒的风险。

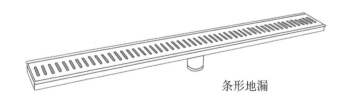

条形地漏

3. 厨房五金

主要包括龙头、水槽、拉篮、铰链、吊篮等。

①厨房龙头建议选择多功能抽拉式，多种出水模式，冲洗无死角。

②水槽建议选择大单盆，容积大，锅碗瓢盆都能容下，比较适合国人的烹饪习惯，也可以在其上面安置活动的滤水篮，灵活过滤洗涤残水，后期卫生清洁也方便。

③在灶台附近安置调味拉篮，烹饪过程中随时拿取，非常便捷。

④厨房定制吊柜对于老年人来说拿取不便，可以选择升降拉篮，高处的物品也变得触手可及。

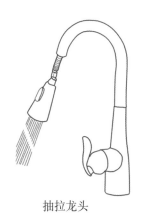

抽拉龙头

地面、墙面建材

1. 地面材料

住宅常用地面材料有地砖、木地板、地毯、塑胶地板等几类，这些材料在性能上也各有优缺点。

地面材料分析表

类别	材料构成	优点	缺点	使用建议
瓷砖类（包括抛光砖、玻化砖、木纹砖、通体砖、釉面砖等）	主要由黏土、石英砂等混合而成，中间添加了硅、铝、镁、钾、铁等成分的矿物原料	花色繁多，视觉效果好，耐磨寿命长，易清洁	保温性与防滑性差，脚感生硬，寒冷	喜欢地砖的家庭，可以考虑铺设木纹砖
木地板（实木地板、强化地板、实木复合地板）	实木复合地板是由多层实木单板交错层压成的；强化地板是在原木粉碎后，添加适量的胶、防腐剂、添加剂，经过高温、高压后而制成	保温、防滑，舒适美观，软硬适中	耐磨性差，容易起拱、翘曲和变形，存在热胀冷缩的现象	喜欢木地板，可以考虑铺设实木复合地板

续表

类别	材料构成	优点	缺点	使用建议
地毯（纯毛地毯、化纤地毯、塑料地毯）	主要以动物毛、植物麻、合成纤维等为原料，经过编织、裁剪等加工过程制造而成	吸音降噪，脚感柔软，图案精美	阻燃性差，不易清洁，对老年人的呼吸系统不友好	老年人住宅不建议铺设
PVC地板（卷材地板、片材地板）	由几种不分层聚氯乙烯高分子混合基料组成，在结构上由PVC耐磨层、印刷层、玻璃纤维加强层、支持层和PVC发泡缓冲层组成	脚感舒适，回弹性好，防滑抗菌	对地面基层要求高，铺装工艺要求高，阳光下会出现褪色现象	除玻璃阳光房外，其他房间都推荐铺设

　　在适老化住宅装修中，如果喜欢地砖，可以考虑铺贴木纹砖，它既有木地板的纹理、色彩，还具备地砖的耐磨、易维护等优点，良好的防滑性、导热性用于铺设地暖设备也很适合。

　　喜欢木地板的家庭，可以考虑铺设实木复合地板，既有舒适的脚感，保温性、防滑性也良好，也适合安装地暖设备。

　　PVC地板防滑、有弹性、易保养，是一种非常好的地面材料，很适合老年人住宅使用。

2. 墙面材料

　　墙面装修用材种类繁多，有涂料、壁纸、壁布、墙板、硬包、软包等，每一种材料都各有特点，需要根据具体使用要求来选择。

墙面材料分析表

类型	材料构成	优点	缺点	使用建议
乳胶漆	以合成树脂乳液为基料加入颜料、填料及各种助剂配制而成的一类水性涂料	施工便捷，环保，经济	缺乏立体感，不耐擦洗，如基层处理不好，容易出现裂纹	墙面、顶面建材首选，家中可大面积使用
墙纸	由基层和面层构成，是以纸作为基材，覆以PVC为面材加工而成	图案丰富，质感好，耐擦洗	有接缝，时间长了容易翘边，损坏不易修复	用作卧室、书房墙面
墙布	由基层和面层构成，以无纺布为基材，面层以PVC压花制成	无缝拼接，隔音，隔热，质感柔和，色彩多样	铺贴要求高，材料损耗大	用作卧室、书房墙面

续表

类别	材料构成	优点	缺点	使用建议
硬包	将基层的木工板或密度板直接用布艺或者皮质的材料包裹起来，达到一种装饰效果	立体感强，装饰性强、吸音效果好	触感硬，破损不易修复，对基层平整度要求高	用作局部背景墙
软包	以木工板或密度板为基层，填充海绵等柔性材质，再用布艺或皮革包裹起来	触感柔软，具有纵深的立体感，吸音、防撞，装饰效果好	造价较高、不易清洗，破损不易修复	用作局部背景墙
实木墙板	由多层板或实木板钉上实木线条制作而成	视觉效果好，大气、高级，比较适合欧式或美式的装修风格	造价昂贵、施工工艺复杂	用在局部墙面
贴皮木饰面墙板	由多层板贴天然木皮或科技木皮制成	花纹比较天然，视觉效果好，有艺术气息	需要附着在木基层上，造价较高，工艺相对复杂	用在局部墙面
集成墙板	以 PVC 材质为主，通过添加相关助剂和填充物制作而成	保温、隔音、防潮、阻燃、易安装、施工便利，价格经济	视觉效果差，易刮花	家庭空间不建议使用

在住宅适老化改造过程中，墙面和顶面装饰可以大面积乳胶漆为主，在局部墙面穿插实木墙板或贴皮木饰面墙板。在客厅、餐厅、卧室的背景墙面上，使用部分硬包或软包造型，让整个空间效果更丰富。

储物家具

现代家庭装修的趋势是选择全屋定制家具，包括衣柜、书柜、酒柜、鞋柜、步入式衣帽间等。相比传统的家具制作或购买成品家具，全屋定制家具有着诸多优势，如根据现场尺寸量身定制、工厂数控机械板材切割、激光封边，现场专业组装，这样的流畅模式，既保障了空间的充分利用，又避免了现场制作所产生的垃圾、噪声和污染。

全屋定制家具非常考验设计师的技术功底，只有细致入微的观察测量、生动灵巧的构思，才能确保家具的落地效果。浅色或原木色的家具饰面让空间整体氛围柔和、典雅，更易受到老年人群体的喜爱。

第2节 适用于住宅中的智能产品

随着社会的发展与科技的进步，智能型的家用设备、家用电器、医疗辅助产品也层出不穷。在适老化住宅改造中，积极引入这些产品，能很大程度地增加老年人生活的便利性，提升幸福指数。

家用智能产品统计表

使用位置	产品	性能
客厅、玄关	智能门锁	利用指纹或面部识别开锁，出入再也不怕忘记带钥匙了
	电子猫眼	超广角镜头、大显示屏、可视通话，是智能看家的卫士
	智能感应灯	出入或起夜时自动感应照明，避免摸黑找开关
	智能鞋柜	具有消毒、杀菌、除臭功能，呵护人体健康，保持室内空气清新
	全屋智能监控系统	具备人形侦测、人脸识别、异常声音监测、跌倒监测、烟火感知、一键呼叫等各种功能，利用智能网络系统，与子女、介护机构、物业公司等互联，从安全防护、健康服务、情感关爱等各个角度来呵护老年人的日常生活
	电动窗帘	既可以利用遥控器一键开合，也可以定时开关，对行动不便的老年人来说非常方便
	功能沙发	轻触按钮即可躺（卧）位伸展，或前后摆动，或扶助升高、站立，可轻松自如地协助老年人从沙发上站立与坐躺
	助力起身坐垫	利用液压支撑杆原理，能够帮助腿脚不便的老年人从座椅或沙发等家具上起身或坐下
	长手柄开窗器	对于高龄老年人来说，伸手开关窗户可能也是一个难题，利用长手柄开窗器能轻松开合窗扇

续表

使用位置	产品	性能
厨房、餐厅	感应式抽油烟机	利用感应控制开关，挥挥手即可实现开机、调节风量、打开照明、关机等命令，时刻保持厨房的空气清洁
	非触控橱柜灯	安装在厨房吊柜的底部，利用感应开关控制，照亮操作台面，给厨房烹饪工作带来便利
	触屏感应式灶具	利用高清触控屏幕，通过滑动或点击实现火力调节，在触摸屏上还能够看到炉灶的实时火力大小
	电动升降拉篮	触摸升降，无须攀爬，轻松取物
	轨道插座	随插随用，灵活方便，同时满足多电器使用
	煤气报警器	实时监控厨房的用气安全，一旦检测到煤气泄漏，能及时报警
	烟感报警器	在火灾发生早期阶段能及时示警，提醒居住人及时采取灭火措施或撤离
	水浸探测器	可监测住宅中的漏水或浸水现象，及时提醒主人进行查看维修
	防抖勺子	适合帕金森患者等有手抖情况的用户使用，智能识别并主动抵消手部抖动的智能餐具
	增味筷子	这种筷子能够利用微电流的形式，将食物中的钠离子通过筷子集中传送到嘴里，能品尝到原本食物 1.5 倍的咸度，减少老年人对食盐的摄入量
卧室	智能照护机器人	针对失能老年人设计，利用智能检测技术，能够自动识别、清洁病患大小便，还能自动暖风干燥、清除臭味、净化空气
	紧急呼叫器	主要针对独居老年人或空巢家庭，发生意外时向外发出求救信号，第一时间得到救助
	智能床垫	在电机作用下能升高腿部位置，或抬高头部位置，还能提供背部按摩和腿部按摩，具有放松肌体、调节身心、舒筋松骨等作用，保障睡眠品质。还能同时提供心率监测、呼吸监测、老人离床报警监测、睡眠质量监测等
	智能护理床	可以自主起背或抬腿，也能定时自动翻身，还可以一键坐起
	智能电动升降衣架	衣柜空间最大利用化，触控式操作，便捷取放衣物
	腿部上床辅助器	依靠动力辅助能缓缓抬起人的双脚，帮助老年人轻松躺到床上，安装在床侧，使用完毕后其自动贴床收回
	家用电动移位器	居家护理失能老年人时使用的专业移动辅助设备，实现了老年人在床、轮椅、座椅、坐便器之间的安全转移，减轻了护理人员的工作强度，提高了护理效率，降低了护理风险
	天花轨道式移位器	按照天花板上的轨道进行电动移位，移位器的上升下降和移位都可以在遥控按钮上实现

续表

使用位置	产品	性能
卫生间	坐式淋浴器	双侧淋浴臂可自由调整角度，雾化出水，坐在座椅上便可轻松清洗，适合老年人或腿脚不便者使用
	智能马桶盖	有清水冲洗、自动烘干、垫圈加热、抗菌除臭等功能
	智能马桶	除了具备清洗、烘干、加热的基础功能外，还有自动开合马桶盖、自动冲水的功能
	电动升降坐便椅	与马桶配套使用，一键实现座椅升起或降落，适合关节、腰椎不便的老年人安全如厕
	开门浴缸	主要针对老年人设计，可直接开门进入浴缸，降低摔倒的风险
	折叠浴凳	折叠结构，方便收纳，节省老年人淋浴时的体力
交通	爬楼机	协助高龄老年人上下楼，外形类似轮椅，护理人员在后面拉住扶手，当爬楼机感应到前方有台阶时，就会自己抬起轮子上台阶
	老年人助行器	铝合金材料制作，塔式立体车架可以支撑人体部分体重，帮助老年人在行走中更好地保持平衡，防止摔倒，对下肢功能的锻炼、康复也有一定的辅助作用
	座椅电梯	一种运行在楼梯一侧的电梯，分直线型和曲线型，主要作用是帮助行动不方便的人（残疾人和老年人）上下楼梯
	家用升降电梯	安装在复式住宅或别墅中，仅供单一家庭成员使用，按照驱动方式，可分为液压电梯、曳引电梯、螺母螺杆电梯